都市设计手法

王笑梦　著

中国建筑工业出版社

图书在版编目（CIP）数据

都市设计手法／王笑梦著 .—北京：中国建筑工业出版社，2012.6
ISBN 978-7-112-14217-0

I. ①都… II. ①王… III. ①城市空间－建筑设计 IV. ① TU984.11

中国版本图书馆 CIP 数据核字（2012）第 062048 号

责任编辑：焦　扬
责任设计：董建平
责任校对：党　蕾　赵　颖

都市设计手法

王笑梦　著

*

中国建筑工业出版社出版、发行（北京西郊百万庄）
各地新华书店、建筑书店经销
北 京 嘉 泰 利 德 公 司 制 版
北京云浩印刷有限责任公司印刷
*

开本：850×1168 毫米　1/16　印张：11　字数：308 千字
2012 年 6 月第一版　2012 年 6 月第一次印刷
定价：32.00元
ISBN 978-7-112-14217-0
　　　　（22287）

目 录

绪论——都市是什么?

1. 都市是什么?

都市是人口达到一定规模的集合体。都市通常指固定人口数量在 5 ~ 8 万以上,人口密度约在 40 人 / hm² 以上的地区。

都市有着充实的功能设施。都市提供人们聚集生存的空间,可以在其中进行居住、工作、移动、休闲等活动。同时确保都市中各种不同人群的利益要求,与自然界共生共存,保持环境的良好平衡。

都市需要人们理性的管理。都市的发展经历了从自然发生到人工规划建设的过程,其自身要求独立的行政管理和相对完善的自我环境。同时,不同的管理模式带来不同形象的都市,如中世纪的城堡都市、地域行政中心都市以及大规模的首都都市等。

都市是个有生命力的聚合体。都市是人类发展历史的结晶,社会的成熟造就了都市的诞生。漫长的人类历史中,出现了大量的各式各样的类都市聚合体,经过时间和大自然的检验,形成了现在的都市形态。都市是有生命的,在不停地与各种力量相互作用中进行着调整。随着人类自身需求的变化,以及与自然界融合调整的作用,都市也存在着成长和衰老,处在动态的变化之中。

典型欧洲小城镇形象

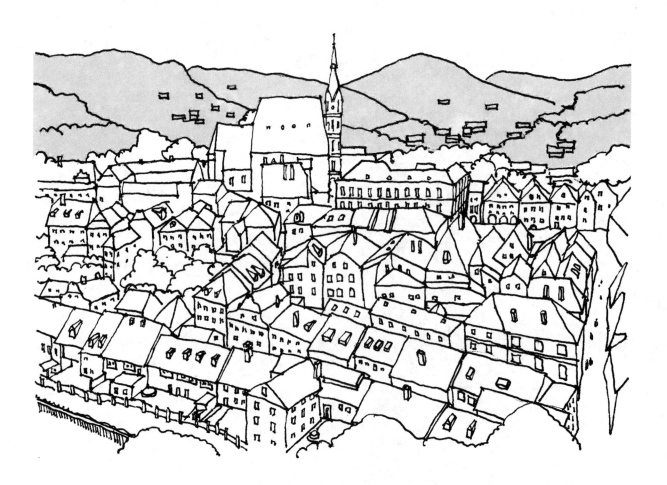

2. 世界都市状况及问题

现代社会的都市化倾向越来越明显。截至 2008 年为止，世界都市数量达到 38000 个，都市人口总数约为 33 亿，超过了世界人口的半数。在中国，都市数量为 660 个，都市人口为 5.77 亿，占中国人口总数的 44%。经济活动的日益集中和都市各种设施的完善配置，促使世界的都市化程度越来越高，人口的分布和资源的利用也失去了以往的平衡，乃至对地球的整体环境和人类的生存空间都产生了巨大的冲击力。深刻剖析并尽力解决都市中出现的问题，是现代社会的主要课题之一。

现代都市在给人们带来舒适和便利的同时，也存在着各种各样的问题。先进发达国家的都市，交通便捷，设施完备，有着完善的社会管理体制。但同时也存在着人际关系淡化、社会缺乏竞争力、二氧化碳排放量较大、资源消耗巨大等问题。而发展中国家的都市，有着巨大的活力，人们对都市和自己的未来充满了信心，却也存在着建设混乱、经济利益优先、传统景观消失等现象，以及城市的可持续发展性不足、能源利用率低等问题。如何合理利用地球资源，与周边的环境共生，一同构筑和谐的、生机盎然的人文都市环境，是都市建设者的社会责任和义务。

日本东京城市局部形象

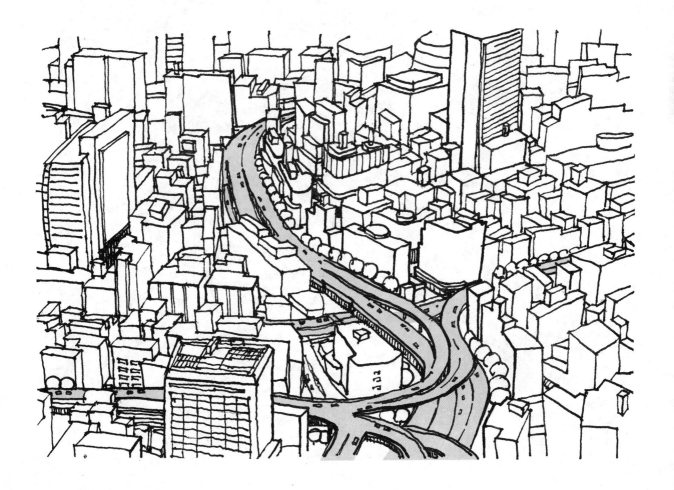

有计划地整治都市环境。面对现代都市的状况和问题，我们要慎重开发建设新城区，贯彻执行都市整体规划的方针和设计导则，尊重都市文脉和历史，调动市民的都市建设参与意识，借鉴国内外事例，以低能耗、与环境相融合、人文的设计手法，合理、有序地逐步整治都市环境。

3. 都市的社会构造

都市是人类社会发展的结果，其都市构造是人与人之间相互关系的体现。一个个单体的人，难以抵御风雨雷电等恶劣气候以及野生动物的侵袭，为了生存，原始个体的人形成了团体人群。团体人群的产生，在给团体带来了巨大共同利益的同时，也带来了复杂的人际社交关系，并需要相应的管理体制及制度来确保团体人群的凝聚，从而形成了都市的雏形。随着固定人群的日益扩大和各种相关产业的相应出现，诞生了最初的都市和相应的都市规则。都市构造的根本，在于人与人的相互关系，或者是团体人群的相互作用。

人的需求决定了都市产业的内容和种类。作为都市的居民，有着物质和精神上各种各样的需求，具体体现在饮食、服装、建筑、交通、教育、医疗等各个产业，由此要求都市内具有相应的都市设施和完善的功能，形成充实的经济文化种类，确保满足都市居民的需求。同时，尽管作为单个的自然人

由山城经验而诞生的日本姬路城［根据渡边定夫，曾根幸一，岩崎骏介，若林時郎，北原理雄（1983）］

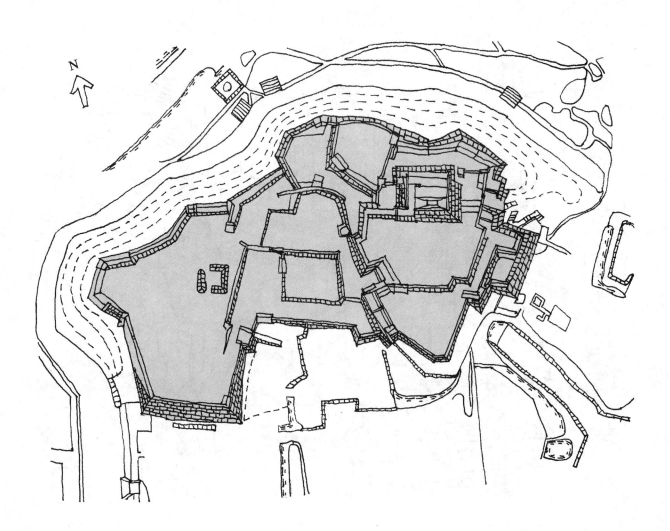

的基本社会需求大致相同，但由于地理位置、气候条件、民族文化等方面的差异，不同地区的人们的需求也有所不同，它在很大程度上影响着该都市的具体产业内容。

广域的人群需求调整确定各个都市的特色。团体人群本身的扩大和众多团体的出现，通过地区、地域乃至更广域的国家或全球级别的相互利益关系的冲突和调整，确定不同都市的分类和级别，形成例如底特律、攀枝花等以工业产业为中心的都市，神户、横滨等港口都市，姬路城、重庆等山城等，为该都市定下基本的构架格局，作为都市特色体现出来。

4. 都市秩序的由来

都市的秩序来源于人类社会的需求。早在公元前430年，古希腊时代的雅典城根据市民的需求，在宪法中对都市秩序作了明确的规定，对城市中的市场及街道的公共秩序、清洁、保安等方面进行了限制，同时对都市的给水管道及排水沟系统也作了清晰的描述，可以说是最早的有记载的都市规划。人们的需求决定了都市秩序，其具体表现在各种各样的都市规则和都市空间设计上。

都市秩序是人类社会与自然环境相协调的体现。都市秩序在满足人类社会

古希腊都市米勒托斯，以格子状布局手法规划，体现了欧洲都市的规划原型［根据加藤晃（1993）］

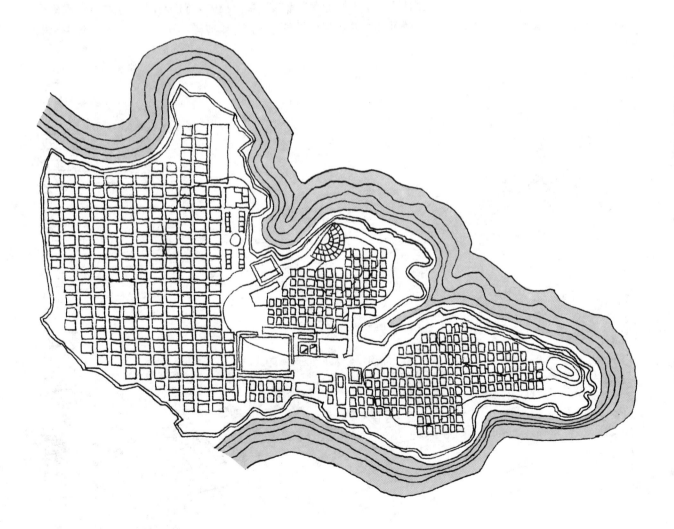

需求的同时，还要保持与自然环境的协调。尽管人类社会取得了很大的成绩，但它毕竟是自然界的一部分，还必须遵从地球乃至宇宙的基本原则。

都市秩序随着时代的变化也处在不停的运动中。 都市有着旺盛的生命力，随着人类社会的发展、文明的进步、民主的诞生以及产业革命带来的巨大变化，都市也日趋成熟和健全。人们的需求随之发生了很大的变化，相应的都市秩序也在不停地变化着。

明确的都市秩序。 都市的秩序是人们的物质和精神的产物，它保障了大多数团体人群的利益，确保都市的运营和管理得以圆满顺利地进行。一个明确的都市秩序，尽管其局部可能还有些僵硬而有待改善，但整体上保持明确的形象，让人们可以瞬间掌握自己在都市中的定位和责任义务，是我们评判都市秩序的重要标准。

5. 设计的力量

现代都市是人类社会和环境共生的产物。 在漫长的人类社会历史发展中，人类与自然的关系也在不停地变化着。从最初的自然中的人，到受自然恩惠的聚落，到与自然相抗衡的城堡，一直到今天与环境共生的现代都市，两者的关系逐渐趋向融合的平衡。

都市设计改变了人们生活的都市环境。 根据人们的需求，通过行政或政治的影响，明确都市中的运营、管理规则，并体现在具体的都市空间设计中。例

和谐的法国小城镇景观

如，分散布置高度集中的居住人群，改善居住环境，减少传染病的发生；拓宽原有道路，确保交通流量和防灾功能；提高住宅的日照设计条件，保障健康的住宅功能等。

都市设计构筑良好的都市景观。在15世纪的文艺复兴时期，提出了都市景观（Vista）的概念和具体的透视景观手法，对统一都市形象起到了巨大的作用。经过各类设计师几百年的努力，在都市设计领域已经摸索出一系列的人文尺度构筑、空间的收放处理、公共空间与隐私空间的过渡等设计手法，用以共同创造出良好的都市人文景观。

设计将人类生活空间和环境融为一体。理想都市形象的目标之一，是形成令人亲近的都市空间。在这里，街道将成为一个大房子，各个单体的入口是大房子的门，人们在这里逗留、交流，孩子们在这里游戏、玩耍，与此同时，绿道、公园、运河等并存，在都市空间内与街道、单体融为一体，并形成相互支撑的网络体系，达到人类生活空间和自然环境的完美统一。

I——都市设计手法概要

I-1　都市设计是什么？

1. 都市设计的定义

　　都市设计是一种设计行为。对象为广义都市空间，范围从 20 ~ 10000 hm²，采用"群"的设计手段，对都市功能、景观环境、社交体系等进行"物"的定义，目的是让人们生活的都市空间和自然得以融合。

　　都市设计的领域介于城市规划和单体设计之间。都市设计起着连接都市和建筑物的桥梁作用。其相当一部分与城市规划领域相重合，是使都市生活有组织化的设计行为。所采用的设计比例约为 1 : 20000 ~ 1 : 500 之间。

　　都市设计是对都市功能、景观环境、社交体系等进行"物"的定义。具体内容如下：确定都市骨架，制定土地利用、交通、景观等设计的基本方针；对新城区的总体规划设计，对成熟中心街区的再开发建设；中心区的象征设计；历史文化地区的保护；公共空间的统一整备；居住区、工业区、校园、科技园等的规划设计……

　　都市设计是对公和私的关系的整理。通过对公和私的相互关系进行有序地整理和归纳，对私有空间和社会共同拥有的都市空间的范围加以界定，明确都市的基本构架，形成明快舒适的都市空间。

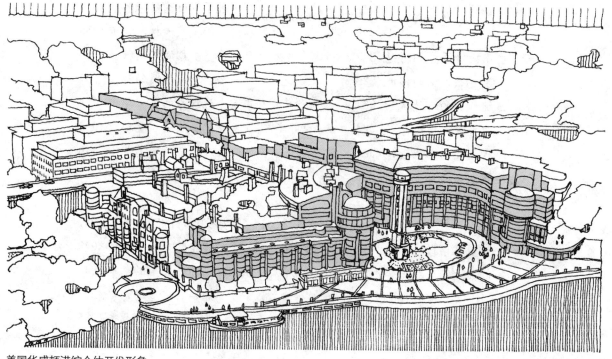

美国华盛顿港综合体开发形象

2. 都市设计与城市规划的关系

在都市设计中,关于"都市"的内容经常遇到不同的英语单词——"City"、"Urban"、"Town",中文有城市、都市、城镇等。中国的城市规划的定义比较广,其工作范围包含了都市设计的所有内容,但相对内容比较抽象,过于从量性和理性上加以判断,缺乏对环境构筑的影响力。在《中国大百科全书》中曾出现"城市设计"一词,英文采用了"Urban Design",作为城市规划的详细规划,侧重于城市空间环境设计,这与本书的都市设计概念相近但不相同。同时,我们对都市设计与城市规划也加以区分,寻找出两者的共性和不同,方便大家对都市设计的理解。

都市设计与城市规划的共性:①都市生活组织化的设计行为;②大尺度的空间设计;③合理布置各种功能用地和资源;④与周边环境共生;⑤服从上位规划等。

都市设计与城市规划的不同:①物理范围不同,都市设计往往是城市规划的一部分,范围相对比较小;②出发点不同,都市设计注重可见的物质形态构筑,城市规划注重系统定性分析;③实施主体不同,都市设计一般由民间设计单位完成,同时协调政府和开发商的工作,城市规划是政府部门的行为,属于行政手段。

都市设计与城市规划的关系:城市规划是上位规划,进行都市设计时必须遵守;好的都市设计起着辅助作用,可以修正城市规划的不足和错误。

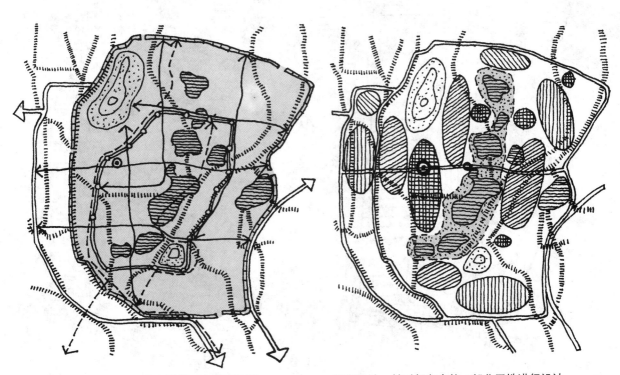

城市规划:以整个都市所有用地为对象进行设计　　　　都市设计:针对都市中的一部分用地进行设计

3. 主要课题

都市设计的目的是为人们在都市中的各种活动，包括居住、工作、休闲、空间移动等行为，提供一个良好的空间环境和社会秩序。为此，主要课题为以下几个方面：

○ **合理布置都市各种功能设施**，包括各种单体建筑物、公共设施及基础设施，提高土地利用率，构筑都市基本骨架。

○ **形成方便舒适的交通体系**，方便人们的出行和物品运输，优先公共交通，重视步行空间。

○ **处理公共空间和各个单体的关系**，确保单体建筑或团体的个体利益，同时明确其社会责任和义务，通过共同的努力形成大家都可以利用的人文公共空间。

○ **尊重都市的历史文脉**，挖掘该地区的无形文化遗产，对有价值的历史建筑物或区域进行保存保护，珍惜和孕育都市的文化气息。

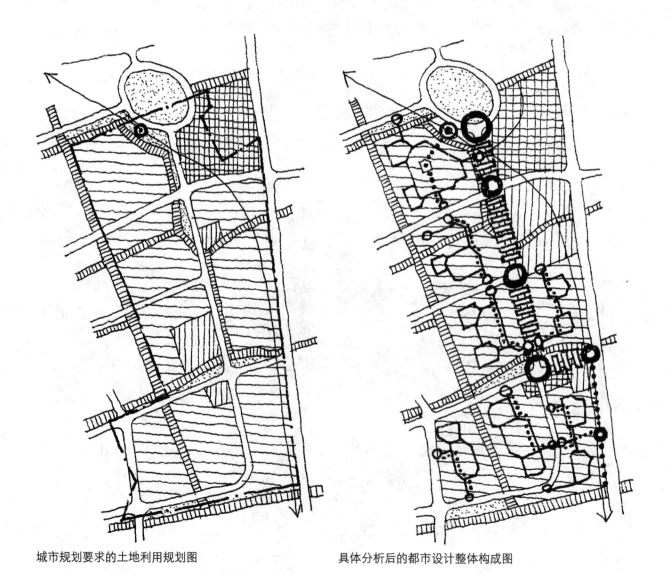

城市规划要求的土地利用规划图   具体分析后的都市设计整体构成图

○ **与环境共生**，遵从都市是自然的一部分、都市设计以不破坏自然为前提、与自然环境相融合的设计原则，节约能源，降低消耗，合理高效地利用有限的地球资源。

○ **形成良好的都市景观**，采用人文尺度手法，在单体体量、景观小品、象征空间、绿化布置、道路尺寸等方面精心设计，构筑以人为本的景观环境。

○ **制定都市的经营和管理的规则、制度**，对各种团体人群进行分类定量分析，构筑人际社交系统，让人们在精神层面有所归属，建造和谐的都市社会。

4. 都市设计的构成及流程

都市设计工作有着一个基本的流程。下面按照工作的先后顺序，讲解都市设计的构成内容。

流程1，都市设计的基本调查。具体包括自然资源、社会条件、都市环境现状等，需要这些基本的都市情报的分析整理，作为下一步设计工作的背景条件。同时，有两个尤为需要注意的内容，一是国家、地域、地区等广域规划，再者是体现都市居民意愿、反映政府政策的城市规划整体构想。

流程2，勾勒都市的未来形象。提炼都市设计的基本概念和基本构想，逐步具象该都市的未来理想形象。

流程3，制定都市的基本方针。通过设计并绘制都市总平面图，进一步确定都市的基本骨架，明确都市交通和功能分区等主要内容。

流程4，明确本次都市设计的区域范围和基本方针。针对本次设计的区域范围等具体特点进行分类，可以分为中心城区改建、老城区再开发、规模住区设计、历史保存区域的保护、都市公共空间设计、都市景观设计等，进而确定本次都市设计的基本方针，包括整备、开发及保存保护方针等。主要可以从以下四个方面进行分析设计。

○ 合理的都市功能配置，提高土地利用率及交通便利度等。

○ 从使用角度分析，提高使用者的利用舒适度。

○ 与周边的自然及人文环境相融合。

○ 创造良好的景观环境。

流程5，都市设计的预算检验。都市开发的主体往往是政府部门或相关的行政法人来执行，由于年度财政预算有限，必须结合具体情况确定和调整都市设计的范围及深度。

流程6，作比较方案，重复流程2到流程5，确定最终设计方案。通过多个设计方案对同一区域的不同思路比较，加深对都市设计的理解，从中选出最符合该区域特性的设计方案。

流程7，向社会公开都市设计方案，听取广大群众的意见。

流程8，与政府相关部门协调，确定城市控规的具体内容。都市设计是城市规划的一部分，其具体的经济技术指标必须与规划、地产、建设等部门相协调，通过包含本次都市设计用地的广域上位规划的统一调整，最终确定各项规划设计的具体指标。

流程9，以都市开发部门或法人团体为中心，开展具体的都市设计工作。

I –2　都市设计手法的历史

1. 自然发生的都市

最初的都市形成来源于大自然的力量，并没有经过刻意的规划设计。人们为了能够在大自然中生存下去，在与凶猛的野兽、严酷的自然条件作斗争的过程中，逐渐认识到作为自然人个体的力量的薄弱，只有通过个体的联合，形成相对固定的团体人群，才能在恶劣的环境条件下得以生存。于是，在自然条件较好的地方，如水源充足、气候良好的地方，人们自然地聚合起来，相互帮助，遵守共同的行为规则，形成了原始的聚落。聚落有着自己的管理体系，人与人之间的从属和主次关系，形成了一定的社交体系。随着农业的发达，人们渐渐脱离了单纯的狩猎、游牧活动，而出现了最初的专业分工，农民生产食物，商人负责交换，管理者也从具体的劳动中解脱出来，出现了原始的行政管理部门，都市的雏形已经可见。

作为自然发生的都市，主要特点如下：

○ 以生存行为模式作为都市环境构筑的基础。主体人群的生存方式相同，有着共同的生活模式，如渔村——人们有共同的工作、生活作息，成为团体凝聚的前提条件。同时由于力量的汇聚，以前单个人无法完成的工作成为可能。

○ 功能空间的布局和交通组织等，遵循背后潜在的习惯和文化。

○ 由聚合体内的社会关系决定其都市构成骨架。都市内各种人群的相互关系和距离的远近，确定了都市的基本骨架，并可以通过空间质量的好坏来判断其在该社会的地位。

伊朗的平原聚落

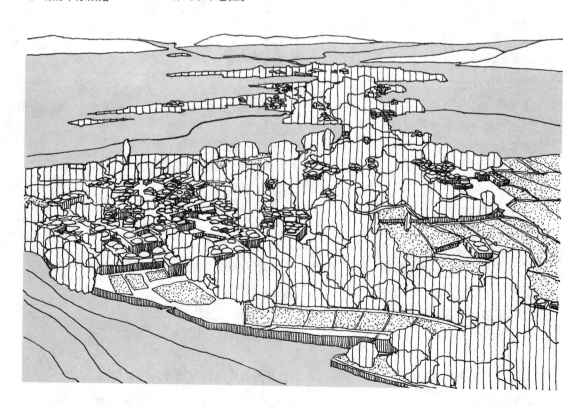

○ 与自然环境相融合。自然发生都市在技术上的落后,决定了都市的选址、布局等必须依赖自然的环境,充分服从自然规律,与环境相共生。

○ 有着自我完结的管理体制。与其他都市没有太多的联系,都市内有明确的管理制度,作为都市社会行为的公共规则。

2. 传统都市的设计特点

在这里我们所理解的传统都市的范围很大,包含了从自然发生都市之后到现代工业都市出现之前的所有都市,从规划明确的首都都市,包括长安、京都、北京等,到欧洲中世纪城堡等,种类繁多、风情各异。但总体上有许多共性存在,例如重视中心轴和主从尊卑,规划模式是社会势力的象征等等。

传统都市大多是部分规划、部分自然形成的都市,可以说得上是两者的结合版本。都市一般有着复杂的地理条件,显现杂然的都市形态和空间。例如,古代的江户,也就是现在的东京,以前在城内有过整齐的规划,但城的外围空间却是自然生发,呈现混沌的状态,在今天的东京时代仍需要再整备、再组合。

传统都市的主要设计特点:

○ 居住为主要功能,商业和行政为辅佐。

○ 与地形及周边环境紧密结合。

○ 明确的都市及社区中心。

○ 道路的回游性。

○ 面向公共空间的步行空间处理。

○ 紧凑、集约型布局。

○ 文化或文脉的继承及持久的生命力。

○ 统一的建筑语言要素的使用。

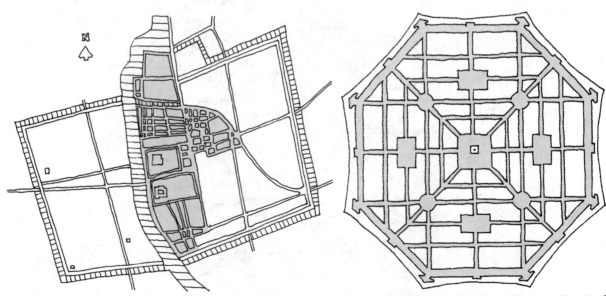

古代的代表性城堡都市——巴比伦 [根据加藤晃 (1993)]　　瓦萨里的理想都市规划图 [根据ボール・D・スプライレゲン著,波多江健郎译 (1966)]

3. 乌托邦工业都市和田园都市

19 世纪初期开始的工业革命，给人类社会带来了巨大的变化。蒸汽机的出现、钢铁的大量普及等一系列技术上的变革，促使了以工业产业为主的大规模都市的出现。

乌托邦工业都市在 19 世纪末出现，都市构成以工业为主，并配以大量工人住宅。都市环境差，居住条件恶劣，对原有的都市有很大的破坏。

20 世纪初，出现了卫星都市和田园都市理论，在一定程度上缓和了超大都市的不断扩张现象，其具体代表为莱斯沃斯（Letchworth）（1903 年，人口 3 万人，用地面积 1842 hm²，距离伦敦 52 km）。1902 年埃比尼泽·霍华德（Ebenezer Howard）发表了《明日的田园都市》（Tomorrow：A peaceful path to real reform），提出了田园都市的理论。其中，田园都市的主要特点如下：

○ 规模不宜过大，人口控制在 3 ～ 10 万人。

○ 土地为公有，由政府统一管理。

○ 交通及其他基本设施由政府完成。

○ 在都市内合理布置工业、金融等产业。

○ 都市周边为大面积的农田和绿地，与相邻的都市保持 30 ～ 50 km 的间距。

1929 年克拉伦斯·A·佩里（Clarence A. Perry）提出了近邻住区规划，在今天相当于居住区的地区规划。

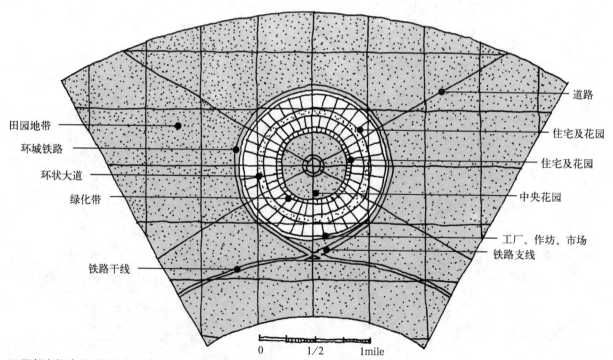

田园都市概念图［根据エベネザー · ハワード (1968)］
城市区域 400 hm²，田园地带 2000 hm²，总人口 32000 人

4. 现代主义的都市设计

在 20 世纪 30 年代,"公园中的塔"(Tower in Park)的国际风格出现,其代表为法国著名都市规划家、建筑家勒·柯布西耶(Le Corbusier)。他在《明日城市》(Urbanisme)一书中,提出了以下的观点:都市空间分为中心街区和田园都市地区,两者通过交通干线连接;在中心街区建造塔式住宅和办公楼等,提高中心地区的人口密度,种植树木,充实公共空间等。以柯布西耶为首的国际现代建筑协会(CIAM),经过几轮讨论研究,在 1941 年发布了《雅典宪章》,对都市规划设计的工作性质进行了具体的描述,这对 20 世纪中后期的规划设计有很大的影响。1951 年,柯布西耶规划设计的新都市昌迪加尔(Chandigarh)为现代主义的代表作。

现代主义都市设计的主要特点为:

○ 都市规划应该以都市功能为核心展开。

○ 都市功能主要分为四类:居住、工作、休闲、交通。

○ 都市功能通过土地分配、交通整理、法律制定来确保其实施。

○ 建议有计划地确定工业与居住的关系,减少过分集中、拥挤的人流交通。

○ 在区域规划的基础上,按居住、工作、休闲进行分区,建立联合三者的便利交通网。

柯布西耶设计的萨伏伊别墅

5. 后现代主义的都市设计

对于现代主义都市设计的简明的构成手法以及单一的机械式排列，人们从20世纪50年代开始反省，这种脱离社会社交体系、缺乏人文空间气息的做法，在1950年代的都市再开发风潮中，逐渐受到了社会各界的批判。

1961年《美国大城市的死与生》（The Death and Life of Great American Cities）一书出版，作者简·雅各布斯（Jane Jacobs）对现代主义的都市设计手法进行了全面的批判。1966年罗伯特·文丘里（Robert Venturi）的《建筑的复杂性与矛盾性》（Complexity and Contradiction in Architecture）和1961年英国戈登·卡伦（Gordon Cullen）的《城市景观》（The Concise Townscape）以及路易斯·康（Louis I Kahn）关于费城的都市中心区规划等，都反映了与现代主义不同的设计理念，人们将之归纳为"后现代主义"。

后现代主义都市设计的主要特点为：

○ 反对功能主义，提倡人本主义。

○ 采用装饰，使用通俗样式。

○ 强调传统和历史主义。

○ 尊重现有环境，强调历史文脉的继承和保护。

○ 提倡市民参与都市设计。

后现代主义风格的室外空间

6. 新都市主义

　　1991 年，安德烈斯·杜安尼 (Andres Duany)、彼得·凯瑟尔佩 (Peter Calthorpe) 等人提出了阿瓦尼原则 (The Ahwahnee Principles)，此外在《海滨城市》(The Town of Seaside) 一书中，都市模式 (Urban Code) 的设计手法也引起了大家的注意。以阿瓦尼原则为基础，提出了都市村庄 (Urban Village) 的概念，英国政府的白皮书《城市规划政策指导方针》(Planning Policy Guidance) 对都市村庄进行了更详细的描述。主要内容为：不单是居住，还要建造工作劳动设施；充实公共设施，包括教育、近邻商业、福利等，提高地区的可持续发展性；包含低租金的公营住宅在内的多种居住形式混在；强化步行、自行车及公共交通的使用；不强制分离私有地和公有地，创造可多种组合变化的街道和空地；步行优先的人文尺度，有个性魅力的都市建设等。

　　针对都市问题，如过多的机动车带来的混乱及污染、公共利用空间的不足、过多的地域物流人流的资源浪费等，安德烈斯·杜安尼等人提出了所谓新都市主义的解决办法。

　　新都市主义都市设计的主要特点为：

　　○ 统一整合居住、工作、商业设施等都市功能设施的规划设计。

　　○ 减少机动车的交通，重视步行交通。

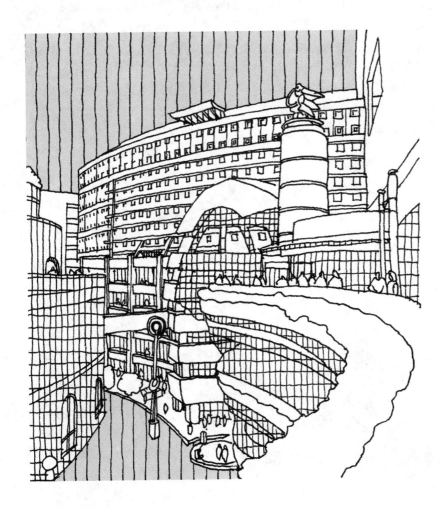

日本博多运河城

○ 在都市中心，集约布置商业、行政、金融、文化等设施。
○ 构筑不同阶层及年龄段的人可以共同居住的环境。
○ 通过自然绿化来划分社区。

I –3 主要都市设计手法

1. 功能分区和综合

都市设计方法有很多，针对不同的设计时期和对象，其表现形式也相应地发生变化。在这里，笔者就一些通常会遇到的主要设计手法进行阐述，力求以较为清晰的思路供大家设计时作为参考。

在都市设计中，首先遇到的课题是都市骨架的构筑。如何合理配置各种都市功能，并将它们很好地复合整理，形成一个充满活力、可持续发展的都市，是判断都市设计成功与否的关键。

构筑都市骨架的基本方法是进行合理的功能分区和综合。都市功能分区是大家非常熟悉的设计方法，从最初的自然发生都市到今天的 21 世纪都市设计，一直都在延用这种方法。通过对都市的居住、工作、休闲、交通等不同都市功能的分区分块布置，明确都市各种空间的性格和位置，构筑都市的基本骨架。1915 年，G·R· 泰勒（G·R·Taylor）在他的《卫星城市》（Satellite Cities）一书中提出了卫星城市的概念，其作为新的功能分区手段受到大家的注目。通过与母都市的功能分工、相互负担，让周边卫星城市在配合中心都市的同时，确保自身的良好环境，在很大程度上缓冲了产业大都市向郊区扩散的现象。在这里，希望大家注意的是单一的功能分区不能满足现代都市的需求，在不同的层面上还需要很好的都市综合能力。综合的都市功能是时代对都市提出的要求，这在

卫星城市的发展变化［根据加藤晃（1993）］
a. 以前的大都市及其卫星城市；b. 现在的大都市及其卫星城市；c. 未来的大都市，卫星城市将被都市母体吸收融合。

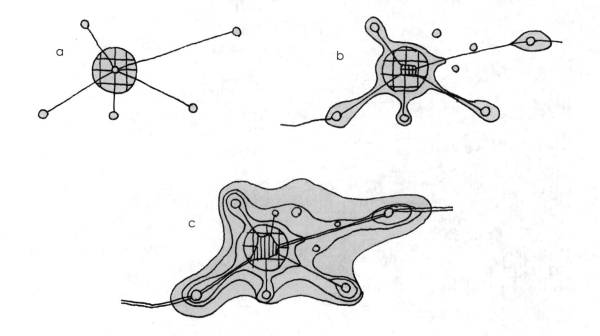

以后的章节也会不停地提到。

经过合理的功能组合，都市构架主要呈现以下几种表现形态：**核心扩散式、网格多中心式、中心轴式**。

2. 交通整理模式

在都市建设过程中，如何将都市中的各种设施和功能通过便利舒适的交通体系连接起来，是都市设计中不可回避的主要课题。

交通整理模式的主要内容是：公共交通优先，减少私家车数量，重视步行空间。 现代都市交通主要面临的是机动车的过量，以及由此带来的一系列社会问题，如地面交通堵塞、汽车尾气带来的环境污染、人的行动空间狭窄、人文环境差等。针对这些社会问题，现在通常采用的方法是强化公共交通，如巴黎提出了市内均一公交卡，旧金山提出了高速铁路与停车场、机动车联动的BART系统，同时在都市中心区域禁止一般机动车的进入等。具体的交通整理设计工作，需要以下三个方面的协调配合。

合理的交通需求预测。 结合人口数量、地区规模确定交通需求，具体结合都市设计的区域范围，通过增添或减少的设施功能变化判断具体的交通增减量，同时与原有的交通量相结合，推算出该地区的未来交通需求。

适当的评价系统。 研究瞬间交通量与交通容量的比例，以及交叉点的饱和度，力求通过调整与中心街区的连接密度和网络化处理、良好的步行空间环境构筑，保障车行和人行道路的需求平衡。

最佳的道路规划设计。 需要交通设施的配置、道路剖面构成设计、交叉点的空间形态、网络化程度、道路的合理分级等多方面的配合。

英国胡克新城规划——步行者动线体系 [根据 Robert (1980)]

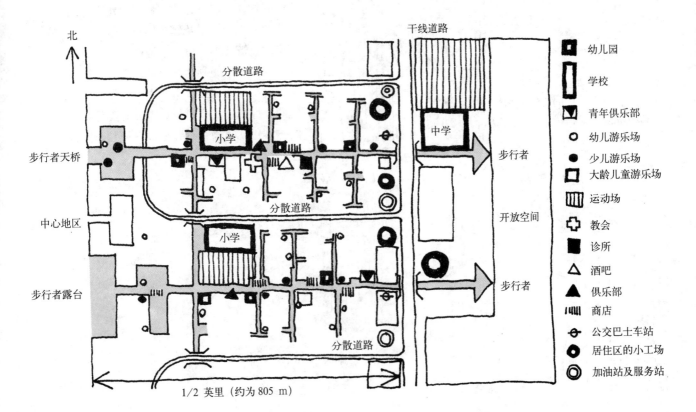

3. 连续空间和单体空间的处理

　　都市设计之所以区别于城市规划，在于其更多的是处理都市的"空间"形象，而与单体建筑设计的不同，则在于其处理的对象是多个单体，是多个单体的"连续性"。综合以上两个特点，**都市设计是对连续性空间的研究**，其设计手法也就是连续空间的处理手法。

　　关于连续空间，这不是一个抽象的概念，大家可以**把都市的室外公共空间设想为一个连续的大房间**，人们走出单个的建筑物，来到一个大的、连续的空间，在这里与其他人结识、交往、游玩，并通过一个个小门与相对隐私的空间——单体建筑连接。作为连续的大空间，如果没有统一的形象设计，只会让人们迷茫，尽管局部可能会显示个性或魅力，但总体上只能呈现杂然、灰色的无机质空间。同时，空间的尺度也非常重要，直接影响到人们在其中的空间感受，只有在视觉和体感上可以人文地感知，并且与其他使用者共同舒适地利用，人们才可以接受该空间，愿意在其中停留、休息，使空间充满人气和活力，呈现都市空间应有的氛围。

　　用"**群**"的理论来解析处理：**一个个独立的建筑体量，按照一定的规则进行排列和组合，相互呼应，构成都市的整体。**可以按照功能、使用方法、文化特点等将单个的建筑物的共性抽取出来，制定空间排列、类别层次、先后顺序等都市空间秩序的规则。具体到建筑单体上可以从建筑的空间构成、建筑材料、色彩、建筑部品等的统一设计，以及建筑体量、限高、容积率、建筑密度、道路后退距离、开孔率等一系列城市规划指标上加以限定，控制并形成统一的连续都市景观。在保持单体空间个性魅力的同时，让人们感受到都市的一体化，喜爱并有责任地保护和建设自己的都市。

美国荷顿广场

4. 景观的形成

作为良好都市景观形成的设计手段，需要从构成和限制两个方面入手，具体分析研究都市景观的形成。

在景观构成上，按照空间具体场所的不同，将都市景观分为都市入口、都市中心区、广场、道路、公建、公园、绿化、历史保护区等，结合该场所的具体性格、形象要求等，在尺度、色彩、材料、密度等各个方面加以限制，确保该都市景观的具体形成。

例如在都市中心区要注重都市的中心氛围和都市的中心象征特点，在尺度上要适当地加以放大，容积率要设定在该城市的最高级别，材料和色彩上要结合都市的总体特点体现热闹繁华的氛围。由于都市中心的功能比较复杂，复合土地利用较多，因此要采用统一的色彩和材料控制，让空间相互呼应，避免杂乱无章。

在具体地块内，关于建筑体量的组织手法，需要在各个方面加以限定。通常在容积率、建筑密度、红线后退距离、建筑限高以及道路空间界面的广告牌、电线杆等的整理整顿等方面加以限定，综合考虑都市景观效果和人的空间感受，力求通过都市景观导则及详细规划设计的协调控制，构筑良好的人文景观环境。

都市广场空间

5. 社交团体

　　都市设计中尤为重要的是如何处理人与人的关系。作为都市市民一员的每一个自然人，都从属于某个团体人群，或多个团体组织，不存在单独的、与其他人没有联系的自然人。由此，如何在都市设计中充分考虑到各种复杂的人与人的关系，并通过都市设计手段加以改善和整理，是都市设计者的一个重要课题。

　　在以往的都市设计过程中，**人们往往将相同社会阶层或相同生活模式的人归拢到一起，作为社交团体来统一处理。**如在封建社会经常见到的皇族、贵族、市民、农民等的划分方法。如果团体人群的规模过大，需要将他们再划分，以适应都市生活的需要和社交要求，比较成功的提案是 20 世纪 20 年代，由美国的克拉伦斯·A·佩里（Clarence A. Perry）提出的近邻住区理论，将居住区的规划单元以小学为基本单位，规划人口在 1 万人左右，以居住功能为主，辅以公园、绿地、商业、公共设施等。使近邻住区理论得以实现的具体事例以纽约的拉德本（Radburn）比较著名，完全的人车分离，在保证机动车便利通畅的同时，形成独立的步行空间系统，在维持汽车时代居住环境的意义上来说有着开拓性的里程碑作用。

　　在当今的社会，**单一的社交团体已经不能让人们感到满足。**多样的团体人群所属、与各种各样的人进行交往，成为现代人的主流思想，肩负体现人与人的关系、创造良好社交环境责任的都市设计也必须适应这一时代的要求。

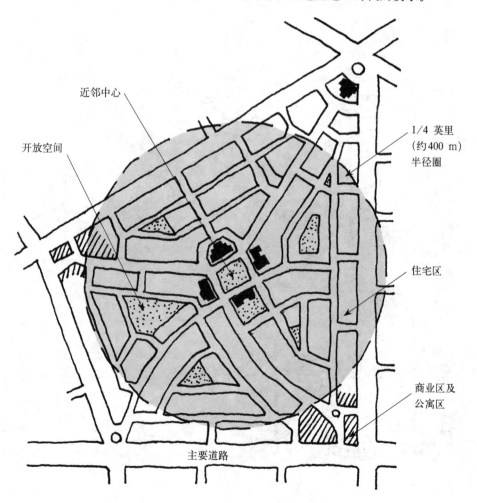

C.A. 佩里提出的近邻住区规划［根据加藤晃（1993）］

6. 环境的构筑方法

都市设计从根本上来说是环境的构筑，这是一个广义的环境，包括自然环境、都市空间环境以及都市的各种软性规则制度等。

在这里我们注意到，作为一个相对成熟的都市（都市功能相对完全、人口比较集中、产业基本满足都市的自我运行的都市），无论都市的新建设或再开发等工作如何盛行，从总体上看，都市的大部分是非建设部分，正在建设中的只是其中的一小部分。这就要求我们在参与都市建设工作的时候，在进行都市设计的时候，要综合考虑新的设计或改动部分对原有都市环境的影响。

都市是有生命力的，有着自己的运行规则。我们需要学习和掌握它的内在规律，通过我们的设计使它拥有更多的生机，而不是阻碍它的发展，任其慢慢地衰老。

都市环境的构筑是一个持续而缓慢的过程，需要时间的沉淀和精心的培养。由于都市建设的先后顺序，必定有相当一部分建筑或空间的形象存在于人们的记忆中，并且其中的某些会在人们的心里成为**都市的"原风景"，成为都市历史文化中不可缺少的组成部分**。对此，我们需要在都市设计的时候，珍惜这些都市的特色文化，尽可能地保存并继承延续下去，让都市在日益更新的同时，保持着绵延不断的文化底蕴。

构筑都市的良好环境，需要政府的监督指导及政策的约束。都市环境涉及的范围及专业很多，并且相互作用相互影响，如果没有政府的监督指导，会成

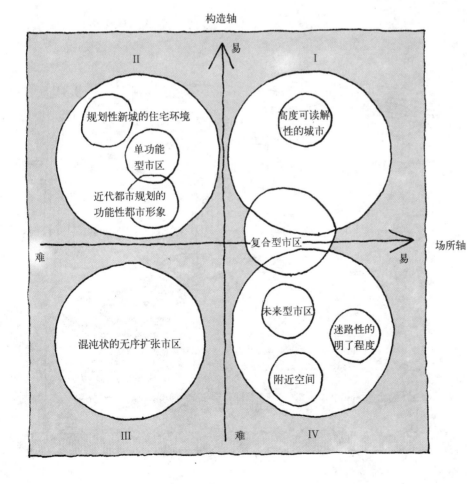

都市环境的二轴构造［根据鸣海邦硕（1995）］

为一团散沙，相互牵制，不能形成统一的环境构筑方针。同时通过具体的环境指导政策的制定，人们可以随时有一个共同的设计方针和方向，作为具体环境设计时大家讨论的法律依据或平台。

7. 融合和变通的原则

前面1到6的都市设计方法是针对不同的都市设计时期和设计对象而提出的，它们之间不是独立的各个部分，而是需要综合统一地进行考虑，对同一设计对象——物质的都市进行剖析，包括都市空间、团体人群关系处理、都市管理运营等方面。因此，**在总体上要保持一个融合和变通的原则，对应各种不同的复杂都市关系，力求最大限度地提炼出都市的生命力，创造和谐的人文都市环境。**

例如，在都市中心区的历史保存地区的处理上，由于历史保存地区大多存在于早期都市的成熟街区，都市最繁华的地方，从都市运营的商业价值视点来说，应该给予最大的建筑容积率和建筑密度等，在色彩和材料的选择上也要尽可能体现现代都市的繁荣和时代感。但与此同时，作为都市的历史文脉之一，作为都市市民心中的"原风景"，又要求该保存地区保持原有的空间感觉，在视觉等感官层面的处理上也要延续以往的氛围。两者的要求存在着相当大的冲突，需要我们作出一个正确的判断，优先都市的文化，重视都市的人文特色，并为此制定该地区的规划设计导则，在视线、建筑材料、色彩、交通组织、周边都市功能的选择等各个方面协调一致地为此目标而努力，融合、变通地处理该类问题。

又比如在交通中转站的设计中，既需要做到公交优先，确保公共汽车、电车、轻轨、长途车等的顺利中转功能，又要考虑到一般私家车迎接使用的方便，

电车站及巴士交通枢纽站的平面图和剖面图［根据土地総合研究所環境都市研究会（1994）］

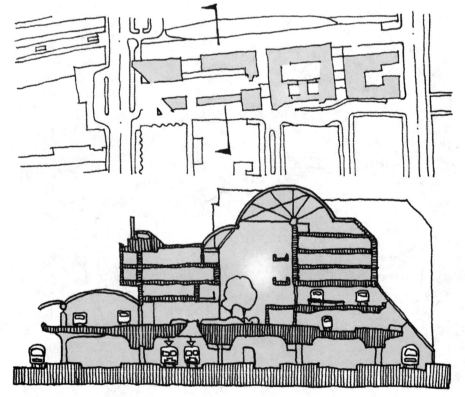

平面图

剖面图

同时又要顾及步行者的安全、安心的空间环境的形成，以及作为都市节点的各种都市设计的综合配置，营造利用方便、交通便捷、生活舒适的都市环境氛围。

I -4 理想都市的目标形象

1. 包融各种生活模式选择的都市

都市的规划设计者，在开展具体的都市设计工作之前，需要明确自己的理想都市的目标形象，并以此制定具体的实现方针和设计方法，创建有个性的舒适的新都市形象。

理想都市首先应是多种功能用途可以共存的、包融各种生活模式的都市。

在这个都市里，有着多种多样的团体人群和多种多样的生活模式选择，从儿童到高龄者的年龄多样化，从单身到四世同堂的家庭形态多样化，从田园都市生活到现代都市生活的生活模式多样化，从东方文化到西方文化的文化多样化等等。不同的模式、不同的视点，给都市带来源源不断的生机，让都市充满活力。

同时，都市中不同的团体人群要求并决定了多种多样的都市功能设施的存在。例如日本的筑波大学城，作为都市的中心，除了布置有商业、办公等都市功能外，还需要充分考虑文化城的特色以及文化人群的生活模式。面向大学生的餐饮店、书店、CD店、歌舞厅等，面向大学教师的餐厅、咖啡厅、酒吧、外文书店、书画苑等，作为大学及研究机构的附属设施如印刷装订社、机械制品公司等，都需要结合该都市的特点加以设定和规划设计。

日本筑波大学城

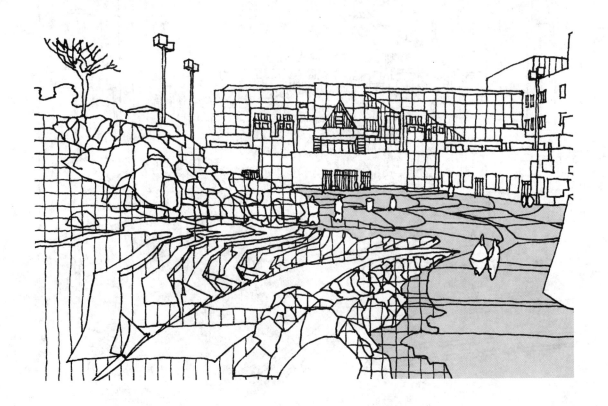

2. 多重人际交往体系支撑的市民社会

由于理想都市的目标形象 1 的设定，让都市充满了各种各样的人群，其复杂的团体人群的社会关系，要求我们的都市是一个支撑多重人际交往体系的市民社会。

人与人的交往体系比较复杂。由于一个自然人可以从属多个社交团体，其社交网络呈现重叠多、层次多的复合状态。整理人际交往体系，从中抽出主要的社会关系，结合具体的生活模式，进行交际社区的设计。同时，结合各个街区的不同情况，还要积极地为缺少社交的人们创造机会，让不同生活模式的人们可以接触到更多别样的生活模式，如在居住区内设置美食教室、书画交流中心等，也可以通过野生动物室外观察活动、纳凉晚会等，让不同的人们得以相识，提高对居住区乃至都市的热爱。

未来的社会，应当是更加人文、更加和谐的社会，都市的建设也应该最大限度地体现市民的意愿。为此，进行都市设计的时候，其设计团队中不应只有专业的设计人员，还应当包括政府部门的工作人员、都市开发建设人员，另外还需要广大市民的参与。一个有市民参加的都市开发系统，才可以称得上是健全的开发系统。尽管市民可能不够专业，但每一个市民都对自己的都市有着独特的想法，代表着其所属团体人群的思维和利益关系，对自己的生活模式也有着充分的思考和心理形象。通过具体的交流和社会调查，与市民建立信赖关系，专业人士可以作为市民的代言人，从市民的角度重新审视都市设计的流程和做

安全、舒适的开放空间，为都市多重人际交往提供了良好的表演舞台

法，从而建立良好的市民参与都市建设的氛围，制定促进市民参加和判断的明快设计流程，与市民共同构筑舒适的都市环境。

3. 为创意所包围的都市

一个有生命力的都市，是时刻为创意所包围的都市。

"创造"的文化氛围，是现代都市不可缺少的组成部分，是都市被人们所喜爱的重要原因。它不仅仅体现在巨大的公共建筑上，生活周边不经意的精心处理，更让人们在心底留下了深深的印象。它可以是住宅围墙上可爱的陶瓷饰品，也可能是古朴咖啡屋的惹人心动的花边窗帘，或者是视线转折处毫无预感的天马行空的绘画、雕刻。这种都市的文化气息，有创意的出场和共鸣，让人们感受到了都市的盎然生机。

同时，创意和活力也是都市发展的原动力之一。充满活力的都市，让生活在其中的人也充满激情，不停地挑战自我，不断地锐意创新。这样的都市往往成为新兴产业的诞生地，带动行业的飞跃发展，推动整个都市的进步，完善日益成熟的都市环境。而且，这样的都市对周边地区有相当的辐射力，可能成为地区的核心，改善周边地区的居住和工作环境。

创意的来源在于对日常生活中"生机"的发现。创意不用刻意去寻找，它就存在于我们日常生活的周围，在我们感到舒适的空间里，在我们仿佛回到童年纯朴的那一刻，在我们与朋友默默相望、心灵相通的地方。

人工建筑物与自然山水的完美融合，让人们的心灵得以宁静、放松

4. 有丰富个性魅力的风土都市

源于地区的都市设计，是确保都市保持原有的地方特色，充分利用设计的场所性创造都市的个性魅力的关键。独特的地理位置和气候条件，赋予都市本身与其他都市不同的个性魅力。尊重自然环境因素，塑造出符合当地风土人情的都市空间，是都市设计者将设计与周边环境相融合、与环境共生的主要体现。

独特的建筑要素的反复使用，是一种较为常见的风土都市的设计处理手法。一般常见的风景，往往是都市中的主要构成部分——住宅，体量大致相同，每个单体面向都市一面的宽度和高度的尺度非常接近，同时常常采用相同的建筑材料和色彩。从总体上来看，整个都市呈现空间的一体感，局部有一些大尺度的公共建筑穿行其间，起到都市的标志空间或象征空间的作用，为都市的居民提供明确的空间定位和方向感。

市民拥有着对都市形象的共同认识，在相当程度上形成了对都市的热爱，明确了自己的都市归属，带动并增强了都市与市民的一体化和团结力。并且，都市内历史建筑物的存在，展示了都市的历史文脉，通过对历史文化建筑物的保护、维修，以及对其再生利用和周边街区改造等，延续并强化了都市文化，增强了都市的个性魅力。同时，悠久的历史景观与和谐舒适的都市环境，提高了广大市民对自己的都市和文化的自豪感。

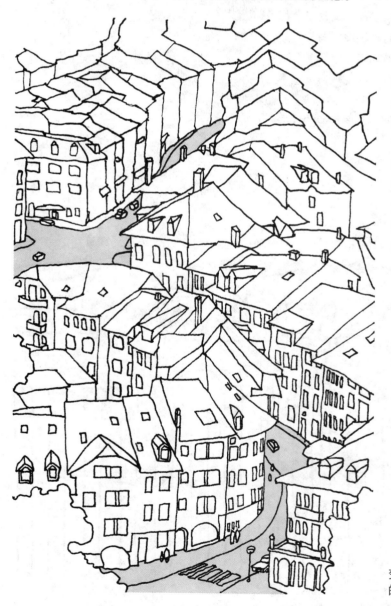

变化而又统一的住宅形象，确定了都市景观的主旋律

5. 实现共生的自然亲和型都市

综合考虑山形地势、河流走向、气候条件、动植物栖息环境等要素，创建与环境共生的自然亲和型都市。随着地球的温暖化、大气的污染、沙漠化、森林的减少等现象的加剧，人们越来越认识到地球资源的宝贵，越来越认识到与环境共生的重要性。如果不能和自然相融合、不能与自然环境相共生，将直接影响并决定人类社会未来的命运，人类被淘汰成为不可避免的结果。只有尊重自然，服从大自然、宇宙的规律，人类社会才有可能长久地在地球上生存下去。

通过干线交通道路、自然水系等为大自然保留绿道、蓝道、风道。从更广域的范围综合研究并设计自然空间环境，结合地区、地域的环境设计方针，具体规划设计该都市的环境和景观，并加强日常的环保意识教育工作，让人们在日常的生活当中可以接触到自然，了解大自然，珍惜并爱护周边的自然环境。

加强都市中生态池的建设，改善都市小环境品质。即使在都市中，也有各种各样的动植物与人类共同存在着。如何改善其他生物的生息环境，在都市中也可以感受到自然，不至于让都市成为钢铁、混凝土的冰冷世界，是评价都市环境品质的重要指标。

让都市的公园和绿地形成网络，相互支撑，同时设置步行道路空间，使人类与其他的动物都可以利用，穿行其间，与大自然形成一体。

让绿化景观与都市建筑融为一体，构筑自然亲和型空间环境

6. 可以享受空间自由和生活时间的都市

充实公共空间，包括道路、广场、公建、公园、绿地等，让人们走出室外，可以安心、安全地体验阳光、绿色、微风，在忙碌的工作生活中放松自我，感受自然的气息，和平自由地生活。

丰富都市的设施内容，健全都市运营系统。 结合本地产业特点，充分挖掘土地内在的潜力，合理布置各种都市功能设施，形成连接便利、运行通畅的交通系统，优先公共交通，重视步行空间。同时丰富都市各种文化生活设施，如美术馆、音乐厅、图书馆，以及各种文化教室等，让人们在工作生活之余，提高文化修养，共同构筑都市的文化底蕴，为都市的可持续发展做长久的铺垫和准备。

都市生活的多样化， 让人们可以拥有更多的生活选择。现代社会，随着生活水准的提高和技术的进步，人们有了越来越多的自由的时间和空间，都市多样化满足了大家休闲娱乐的精神需求，充实了都市人们的生活。

时间的介入，使三维的都市空间有了历史和文化的气息，人们生活在其中，随着时间的流逝和沉淀，对都市留下了种种的记忆，在白发苍苍的时候再回到自己童年时游戏过、生长过的地方，谁都会感慨时间和空间的变迁，这时的都市就被称为"四维都市"。都市的文脉，在四维中得以延续、继承，都市也在时间中成长、成熟。

水边公共空间

7. 自律的都市

总结之前讲述的理想都市的目标形象，形成拥有明确秩序的"自律"。

"自律"都市具有以下的特点：

○ 可以持续发展的都市，注重都市环境的系统构筑。

○ 合理地利用当地的自然资源，尽可能减少周边环境负荷，节约能源。

○ 使各种资源可以循环利用，在广域中与自然环境相互协调。

○ 在都市发展中保持产业的平衡。

○ 充分发挥土地内在价值，完善都市功能。

○ 建立合理的交通体系，让人们可以便利、舒适地利用。

○ 优先公共交通，减少私家车的使用，重视步行空间。

○ 完善社交体系，让大家有明确的归属感和自豪感。

○ 尊重历史文脉，巩固良好的文化都市氛围。

○ 以人为本，构筑良好的都市景观。

○ 充实的公共空间，丰富的都市生活。

○ 和谐的人文环境，明确的责任和义务。

○ 严格的都市运营体系和管理制度。

○ 都市自我循环，良性运作。

通过自律都市的构筑，可以让一度老化的都市重返生机

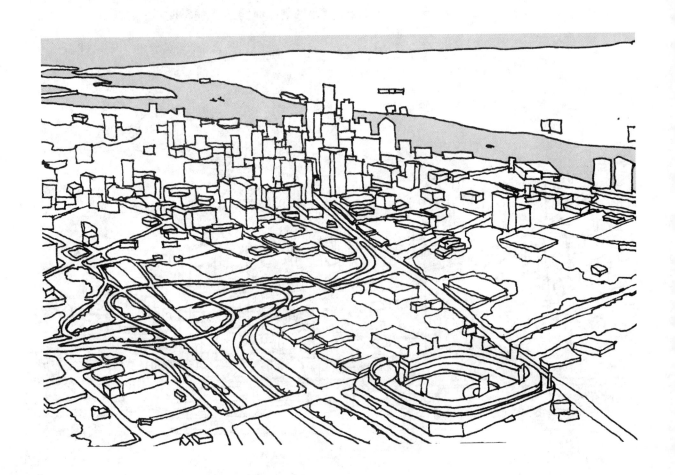

I -5   规划设计的四个原则

为了实现理想都市的目标形象，笔者从功能、资源、使用、景观四个方面入手，提出了"可持续发展"、"与环境共生"、"舒适"、"良好景观"四个都市设计原则。

原则 1. 可持续发展的都市

从功能上深入研究，在满足都市功能的健全、健康、安全等基本要求的同时，确保都市的可持续发展。

○ **广域功能的平衡。**

○ 资源的均衡利用，各种资源和能源的统一调度。

○ 形成紧凑的都市，都市人口需要保持适当的规模。

○ 建筑密度不宜过大，并结合具体空间场所有所变化和调整。

○ **容积率的分布要与都市整体形象相结合，做到疏密有序。**

○ 形成合理的都市框架，以居住为主的功能布局。

○ 都市功能的种类要齐全。

○ 充分研究本都市的产业结构，既要结合广域环境要求，还要保持相对的产业平衡。

○ 减少环境负荷，与环境共生。

○ **健全的交通系统，等级明确，同时设置多种公共交通模式。**

○ 公共交通优先的设计思想。

○ 都市中心的分布和空间的平衡。

以人为本，创建和谐的都市空间

○ 合理的都市分区。

○ 控制住区规模和社交圈的大小，结合该地区特点制定基本住区单元。

○ 公共空间的统一控制，做到公共空间的舒适利用和形象的一体化。

○ 在交通、防灾、防范等方面制定合理的管理体制，同时体现在相应的都市设计、建筑单体处理上，形成以人为本的安全的都市环境。

○ 构筑健康（包括精神范围）、卫生（物理环境）的都市环境。

○ 创造自由民主的氛围，达到责任和权利的同时认知。

○ 通过都市的象征空间处理、明快的都市构架、结合场所特色的街区多样化设计、有个性的建筑样式等处理手法，让都市居民拥有明确的归属感。

○ 提高各种资源的利用效率，分类回收消耗品或垃圾，积极进行资源的再利用。

○ 不要一次性开发都市土地资源，而是按比例进行土地利用储备。

○ 充分利用都市原有的自然条件，进行水边空间的再生、地下空间的利用等尝试。

○ 都市功能的自我循环和自我完善。

○ 对都市原有的密集老市区进行整合，在保持原有空间文脉的同时提高都市环境质量。

○ 保持都市内必需的绿化比例，加强身边绿化的建设。

○ 对都市的公私产权进行明确分配。

○ 制定都市的规则，明确市民的责任和义务。

○ 成立都市运营部门，建立完善的都市运营机制。

○ 设立监督检查系统。

多种都市功能复合叠加，形成社区长期的发展动力

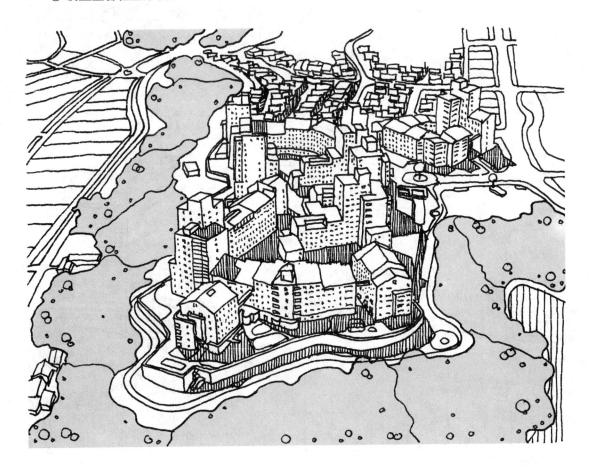

原则 2. 与环境共生的都市

从资源上分析人与自然、都市与自然的关系，形成与环境共生的都市。人类社会是自然的一部分，广义的自然包括人类社会的都市、乡村和大地、海洋、阳光等一切接触到的物质世界，只有顺应自然法则，达到与自然的融合，人类社会才有可能长久地持续下去。

○ 剖析与广域自然界的关系，综合处理山、水、阳光、风、动物、植物等与都市的关系。

○ 在更广的地域内，结合自然环境进行各种都市设施的分布，形成功能的互补。

○ 绿化、水、风、光等资源的网络形成。

○ 将各种资源进行等级分类，形成明确的相互支撑的体系。

○ **充分理解风道、绿道、蓝道等自然通道的意义，提高其在都市建设中的重要度。**

○ 通过环状道路或城墙、水系等方式，确定都市明确的界线。

○ 重视都市边缘空间的处理。

○ 明确人与都市、自然的归属（自然人个体所在组团、街区、都市等的位置定位）

○ **进行身边小环境的构筑，让人们可以随时走进自然，与自然融为一体，彻底放松身体和精神，感受生活的美好，返回自我。**

○ 都市公园、街角花园、组团中庭、自然小径等多样化绿色环境的构筑。

自然环境与人工环境的相互渗透和融合

○ 水是生命之源，人的潜意识中有着与水不可分割的紧密形象。在都市设计时，要认真处理都市中的水资源，包括水的保护、美观、卫生、再利用等。

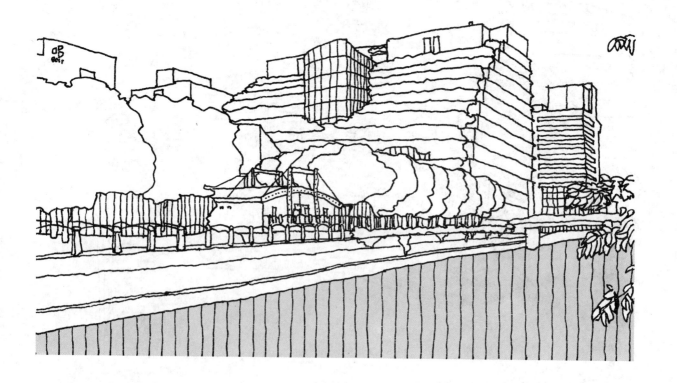

○ 自然环境可以按照与都市的远近关系，大致分为"大"、"中"、"小"三种自然类型。"大"——地球整体、无人地带、森林、海洋等，决定都市的广域定位；"中"——近邻农田、山林、河流等，与都市本身息息相关的部分；"小"——街角花园、组团中庭等，都市市民生活的身边绿化环境。与大、中、小自然相结合，共建良好的都市共生环境。

○ 作为都市空间中占绝大部分的住宅建筑，其本身的建筑形体和样式对都市环境影响巨大，注重以住宅来构筑都市的设计方针，提高各种住区的居住性能和生活品质，形成高品质的人文都市居住环境。

○ 从城市规划、都市设计层面，到各个不同建筑单体以及建筑细部的设计过程，强化节约能源、降低消耗、减轻环境负荷的设计意识，注重整体环境的平衡。

○ 在都市生活中，重视社区的概念，强化每一个居民的社区意识，形成愉快的社交氛围，让每一个市民都融入到都市这个大的人文社会环境中来。

○ 通过家庭垃圾分类、中水回收利用水井的设置等方式进行身边的环境教育，强化环境的意识。

○ 认识到自然资源的有限性，加强与其他动植物生存在一个空间的意识，确保食物链、大气、水源等资源的循环和动态的平衡。

○ 建立良好的责任和义务的体制，与其他人共生共存。

○ 污水处理、雨水回收、太阳能板等环保设备的设置。

○ 各类垃圾分类处理，可回收资源的再利用。

在绝大多数的情况下，人工建筑物的分布要听从自然环境的安排

原则 3. 舒适的都市

从利用者的角度，重新审视都市的各个组成部分，充分发挥区域优势、特性，创造从物质到精神层面都感到舒适的都市环境。

○ 完善都市各种功能设施，充实都市公共空间。

○ 广场，作为都市演出的平台，需要与其内涵相应的空间尺度和氛围。结合具体的广场功能，配置相应的绿化、景观小品等，营造各种各样的都市广场空间。

○ 公建设计上，明确设施的分类和等级，采用与之相配的设计手法。

○ 道路设计上，尽可能在空间和时间等方面进行人车分流，以公共交通为主，**减少机动车数量，重视步行人文空间**。

○ 丰富都市设施内容，合理设置商业、办公、金融、教育、产业、居住等各种都市设施，让人们在都市中过得舒适、便利、愉快。

○ 关于居住建筑，包括集合住宅、独立式住宅、SOHO 等不同类型的住宅，要注重社区建设，构筑人文的居住环境。

○ 商业设施，包括商店、宾馆、公共浴池、办公、市场、金融等，要布置到位，规模合理，让都市市民可以方便、轻松地利用。

○ 关于产业，要注重都市内的工业、农业、电子产业、纺织业等产业的配合和相互平衡。

舒适便捷地利用多种多样的都市功能设施，是都市成立的前提条件

○ 作为政府设施的政府部门、教育设施、医疗设施、福利设施等，以及休闲设施、文化设施、体育设施等，要结合都市规模、都市特色和实际情况分析，统一规划设计。

○ 重视步行空间，对步行道路进行再认识。慎重规划设计道路的物理形象，进行剖面、人流、景观等多角度分析，构建赏心悦目的步行景观空间。

○ **将连通的室外空间视为一个室外大房子，需要通过排列的顺序、建筑材料、色彩、形态语言等统一其空间感受。**

○ 提高建筑单体的性能。在住宅设计上，注重人体尺度，提高居住性能，方便人们生活使用；在公建单体设计上，注重设备性能的提高和能源的节约利用。

○ 基础设施完善，使用舒适便捷。

○ 针对都市空间的不同场所，寻找出内在的场所性，从而将其体现到都市空间形态的变化上。

○ 丰富都市的文化、娱乐、休闲等内容，促进都市活动的多样化。

○ **剖析团体人群的密度和空间利用的关系，明确空间的性格，并加以分类，如安静场所、热闹场所、交际场所等，丰富都市空间个性。**

○ 在都市空间中，确定作为都市象征空间的场所，使其成为紧凑都市的核心。

○ **将都市空间进行明确的系统分级，让大家知道自己在都市社会中的位置和空间中具体的位置关系，在心理上有所归属。**

○ 尊重都市的历史文脉，保护历史文化景观，继承都市文化及各种风土人情。

○ 任何一个都市，都是世界中的一个特殊的点，它的地理空间位置决定了其场所的特殊性。积极创造并发展都市文化，让广大的市民拥有自己都市的文化自豪感。

充实的都市公共开放空间，让人们可以在舒适放松的环境下休息、交流

原则 4. 拥有良好景观的都市

美观的要求，是人们对外界物质形态在满足基本使用功能之后的高层次的精神层面的要求。都市设计在满足了都市的功能、资源、使用上的要求后，同样也被要求拥有良好的都市景观。从景观设计的角度，都市景观分为都市整体景观、区域景观、连续街道景观、建筑景观、绿化景观等。

○ **结合都市的地形地貌及风土人情，构筑都市整体景观，形成有地方特色的整体形象。**

○ 在都市建筑物中，占绝大多数的建筑是住宅建筑，成为都市构成的重要部分，以住宅来构成都市，充分发挥住宅对都市整体的影响力，通过良好的居住景观环境的建设，让人们更好地理解和感受都市人文景观。

○ 挖掘都市土地的内在潜力，开发地下空间，形成减少环境负荷、环保的土地利用。

○ 发挥土地原有特色，进行滨水都市、山地都市等的设计，形成有特色的区域景观。

○ 结合都市历史文脉和都市市民的构成特点，形成有民族特色或宗教特色的都市。

○ **认识到都市不同地方的空间和景观特色的变化，活化都市的场所性，形成变化丰富的都市景观，满足人们对都市形象的要求。**

○ 都市中心，作为整个都市的象征和目的空间，需要体现都市的大尺度、良好的人流和物流的集聚和疏散、完善的中心都市功能、人气集中、充满活力等。

在步行主轴上，设置有寓意的雕塑或文化符号等，唤起人们的联想和共鸣

○ 市政道路交叉口是交通组织的重要组成部分，注重各种机动车的分流和整理，以及安心、安全的人文交通环境的构筑。

○ 在建筑单体上，结合建筑本身的功能要求，尽可能地体现商业和办公等不同公建、住宅与 SOHO 等居住建筑的单体个性，创造功能和景观一体的建筑空间。

○ 室外公共空间是一个连续的大空间，这种都市空间的连续性要求建筑单体在保持自身建筑个性的同时，更需要保持整体空间的性格的统一。

○ 建筑单体景观的构成要素很多，主要可以归纳为建筑形态的设计风格、建筑功能的体现、独特的场所性、与周边环境的融合和呼应、建筑和绿化的互动、材料及色彩的运用等。

○ **连续街道景观的创造，重点在于创造单体景观的连续性，具体体现在建筑构件、设计元素、面宽、限高、后退距离、色彩、材料等方面的统一整合处理。**

○ 街道空间的构成要素也很多，包括绿化、小品、道路、开放空间、看板、雨棚等，其中街道小品的空间影响力尤为引人注意，视线、空间尺度、可接近程度等多方面直接震撼都市市民的感官，成为街道空间构成的重要角色。

○ **良好的都市景观，应当注重与周边力场的平衡，不能一味地强调空间的强度，相互之间要形成空间的互补。**

○ 注重绿色景观设计，通过都市公园、街角公园、散步道、河边绿化等，形成绿化层次丰富、景观多样的绿色景观设计。

○ 综合考虑都市设计流程，将城市进行明确的等级划分，提出有特色的都市形象，并结合都市运营和管理，形成不同的都市景观形象。

细腻、精巧的室外空间景观设计，可以显著提高社区的环境品质

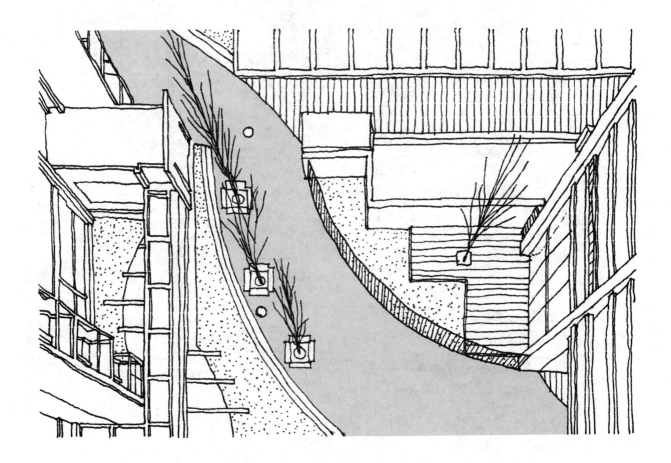

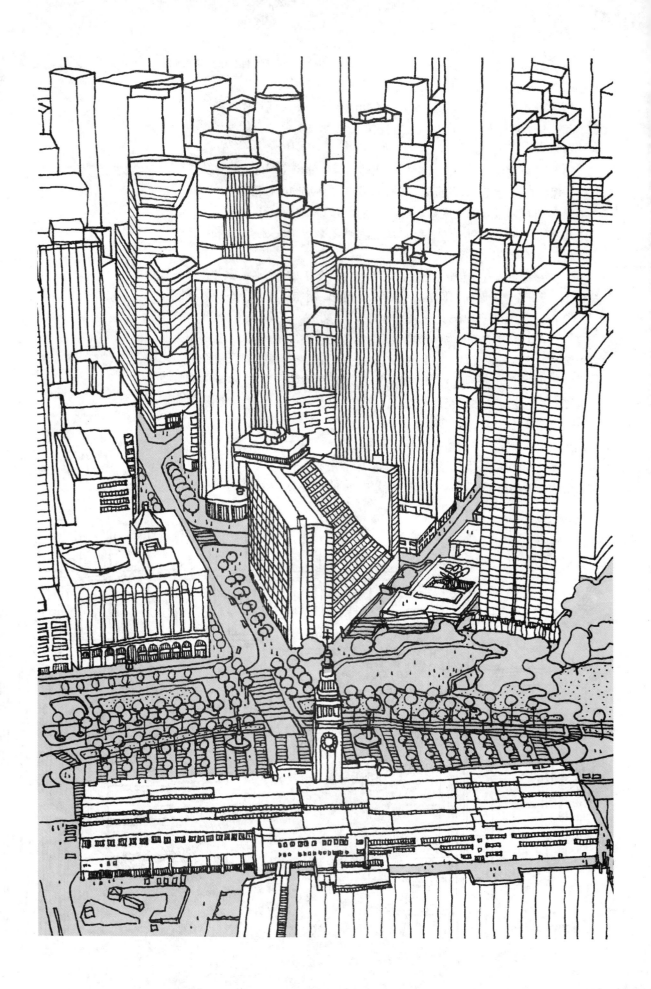

Ⅱ——原则1 可持续发展的都市及其设计手法

Ⅱ-1　概要

从功能的角度剖析都市，寻找出都市可持续发展的根本，以及其具体的设计手法。

■ 可以独立运营的区域

从广域区域分离出来，并保持相对平衡的联系。同时，进行合理的自我完善的功能配置，确保各种资源和能源可以统一调度。

■ 建立合理的都市框架

从都市产业特色入手，建立以居住为主的功能布局，同时配置各种各样的都市功能设施，进行土地利用储备，并对地下空间、水边空间、山形地貌等加以充分的利用。

■ 优先公共交通

强化和促进多种公共交通形式的利用，减少私家车的数量，降低环境负荷，并形成以人为本的交通设计方针。

■ 形成安全、安心的环境

从健康（包括精神范围）、安全、卫生（物理环境）等不同视点剖析都市环境，形成让人们放心的安全的社会制度体系。

■ 构筑自由民主的氛围

明确每一个人的归属感，对市民采取有限制的自由方式，建立良好的社会体系，让市民对责任和权利同时认知。

■ 确保功能的自我循环

通过对都市的目的空间和密集老市区的整合，以及水边空间、居住区等的再生，注重资源的再利用及平衡，保证都市功能的良好的自我循环。

完美的都市功能是一个都市
保持长久生命力的关键

II –2 独立运营的区域

1. 与广域的分离及联系

都市的发展是一个力量平衡的过程。有活力和生命力的都市，会不断地向周边扩张，从某种角度来说是一种没有秩序的扩散，这种倾向在大都市中尤为常见。而都市的扩张，带来都市环境的恶化，以及都市功能的减弱和混乱，两者之间要做到适当的平衡，就需要将都市从广域中分离出来，并与周边保持动态的联系。

○ 设定都市的规模，紧凑型都市的市区用地控制在 2000 hm² 之内。

○ 明确都市的人口规模，小型都市人口规模一般在 20 万人左右。

○ 进行国家及地区的综合考虑，从行政上明确该都市的等级和类别以及主要产业等内容，如一般地方都市、地方核心都市、地区核心都市等。

○ 确定通勤圈、日常生活圈等一般市民对都市的利用范围，如果可能一般设计成 30 min 内可以到达。

○ 都市城区与郊区之间，通过自然河流、地形、绿化带等形成明确的分界线。

○ 与山脉、水系、绿道等自然的联系，在都市内继续延伸。

○ 控制都市扩张的程度，形成都市中心和副中心两层系统，适度地从原有都市中分离。

○ 明确广域交通的构架，从广域干线、地区干线，到都市干线、都市次干线、街区道路等，等级清楚。

○ 作为地方都市，与高速公路的关系以从高速公路口到市中心约 15 min 为宜。

○ 进行基础设施建设，包括信息通信网络等，保障都市与广域的生活基本动脉的连接。

○ 从总体上来说，分离是相对的，联系是绝对的。

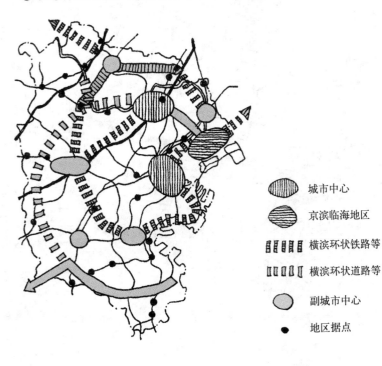

▨	城市中心
▨	京滨临海地区
▥	横滨环状铁路等
▥	横滨环状道路等
▨	副城市中心
●	地区据点

日本横滨市的城市构造图充分体现了内部与外部的各种联系［根据特集一みなとみらい２１の計画概要と個別事業．みなとみらい２１，2006（77）］

2. 自我完善的功能配置

作为独立运营的区域，要求都市要有自我完善的功能配置，充分挖掘土地的内在潜力，确保土地利用的动态平衡。

○ 土地利用中，最为重要的是设定都市设施用地与一般街区的比例。

○ 都市中大部分的用地是居住用地，一般设想为都市中大部分的市民在本都市内工作，居住用地占都市用地的 55% ～ 60%。

○ 都市所需产业设施用地约占居住用地的五分之一到三分之一左右。

○ 道路用地占都市用地的 10% ～ 20% 左右，不包括居住区、设施用地内的道路面积。

○ 都市商业办公设施的比重变化较大，一般占都市用地的 5% ～ 8%。

○ 休闲娱乐设施和医疗福利设施、行政设施的用地在都市中的用地比例约为 3% ～ 8% 左右。

○ 教育文化设施一般占都市用地的 2% 左右，随着都市文化的进步和层次的提高，要逐步提高都市内教育文化设施的比例。

○ 在居住区内以住宅为主，一般占总用地的 60% ～ 70% 左右，绿化率为 20% ～ 35%，附属商业约占 5%，道路约占 10% ～ 20%。

○ 绿化用地占都市总用地的四分之一到三分之一左右，包括居住区、产业设施及其他各种设施内的绿化用地。

○ 基础设施用地占都市用地的 1% ～ 3%。

○ 要预留一部分发展用地。

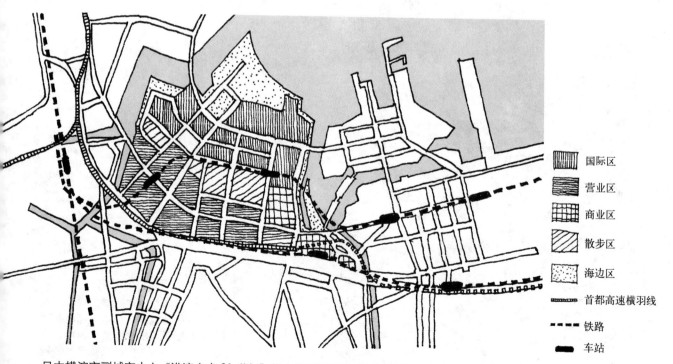

▦	国际区
▤	营业区
▦	商业区
▨	散步区
▦	海边区
▬	首都高速横羽线
- - - -	铁路
▰	车站

日本横滨市副城市中心"港湾未来 21 世纪"的土地利用规划 [根据特集—みなとみらい２１の計画概要と個別事業. みなとみらい２１，2006 (77)]

3. 各种资源和能源的统一调度

一个都市能否良好运营，很大程度上依靠各种资源和能源的统一调度和综合利用，来保障都市的自我循环和新陈代谢。

○ 资源主要分为自然资源和人类社会资源。

○ 自然资源主要包括土地资源（含山脉、河流、湖泊、农田、草原、湿地、沙漠等）、天然能源（含太阳能、风能、水力、地热、天然气、石油、矿物质等）、生态资源（指各种动物、植物、微生物等及体现它们相互关系的食物链）等，需要遵循保护环境、节约能源、降低消耗的原则，做到与自然共生、可持续发展。

○ 人类社会资源主要包括市政基础设施（含自来水、煤气、电力、通信网络、污水雨水系统等）、人类生活物品（含食品、服装、建筑材料、生活用品、产业产品等）、人力资源等，需要通过便利的道路交通系统，来组织满足人们生活需要的物流和人的流动（包括广域的通勤、都市内部的移动，工作，购物等），保障人类社会资源广域的和内部的流通。具体通过运河、铁道、公路、港湾、航空等手段，支撑都市内外部的物质和人的交换和移动，确保都市的自我循环。

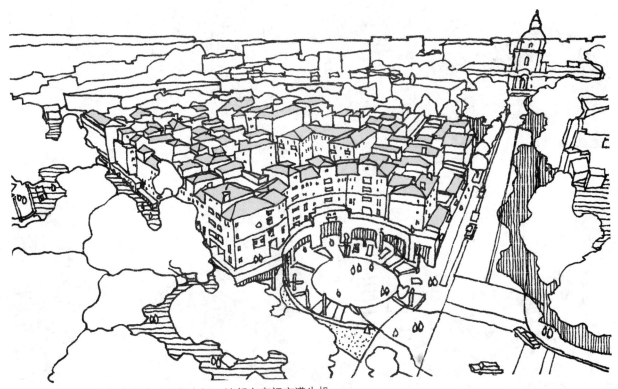

丰富的绿化空间穿插在都市建筑物之间，让都市空间充满生机

II-3 合理的都市框架

1. 以居住为主的功能布局

都市的发展，离不开合理的都市框架。建立以居住为主的功能布局，通过住宅来构建都市，把形成良好的人类居住环境作为都市评价的主要标准。

○ 将土地用途的划分标准细化。

○ 增加都市住宅的种类。

○ 按照市民的生活模式，形成不同的建筑环境，丰富都市生活，满足人们对都市的期待。

○ 都市用地大致可以分为低层居住用地、多层居住用地、中高层居住用地、高层居住用地、次居住用地、复合居住用地、次商业用地、商业用地、次产业用地、产业用地、医疗福利设施用地、教育文化设施用地、行政及基础设施用地、贮备用地等。

低层低密度居住用地

低层高密度居住用地

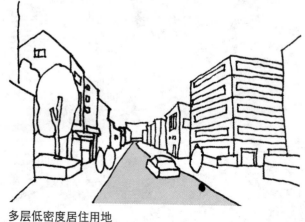

多层低密度居住用地

中高层高密度居住用地

高层高密度居住用地

次居住用地

复合居住用地

商业用地

产业用地

设施用地

2.土地的利用和储备

都市土地的划分和利用，决定了都市的基本骨架，通过多方面多角度的分区和规划细则的限定，让都市的每一块土地都发挥它内在的潜力。具体参考前两页的内容，可以了解根据人们的都市生活进行土地利用基本功能分区的大致种类，然而一块用地的利用不能仅仅从其功能来下断言，往往要综合其他相关的约束共同决定。在都市设计过程中，对于土地的利用和储备，还需通过以下的视点进行剖析。

○ 高度限制地区——考虑到航空通道、高压线走廊、景观要求等，对地区整体高度加以限定。

○ 防火、防灾地区——充分重视地震、火灾、洪水等一时性但影响巨大的不安全因素，结合地形地貌等自然环境特点，设置合理的防灾、避难场所，并确保防灾工具的存放及其使用性能。

○ 景观地区——都市的重要节点及象征空间等处，要进行良好的景观规划设计，同时制定景观设计导则，保证景观的统一和实施上的有据可循。

○ 历史文化重要保存地区——有保护价值的建筑物或建筑群。

○ 传统建筑物群保存地区——形成该都市的街道景观、地区风景的传统建筑物群。

结合现代都市生活需求，慎重整合作为"原风景"存在的传统都市文化空间

○ 防噪音地区——在飞机场和产生噪音的大型工厂、高速公路等附近地区，采用防止噪音的绿化、交通、规划设计等处理。

○ 绿地保护地区——综合自然环境要求、独特绿化特点等需求，对绿地加以保护的地区。

○ 停车场整治地区——针对都市中心区和老城区的停车混乱、拥挤以及利用不便等状况而采取的处理手段。

○ 特别地区——军事、安全、健康等特殊因素要求的地区。

前面我们介绍了都市的各种土地利用类型，都是按照一定的布置原则在都市中得以定位并形成都市框架。由于每个都市的具体情况各异，在这里，我们简要地将常见的几个布置原则整理如下：

○ 都市中心位于广域干线交通枢纽的一侧，由商业与办公设施、行政设施、复合居住区等构成，并需要一个体现都市尺度的公共空间，如都市中央公园等。

○ **都市的主要商业及办公地区，以都市交通枢纽为一端，沿干线道路延伸，呈带状分布，构成都市主轴。**

○ 都市副中心一般在大型居住区内产生，由社区中心、娱乐休闲设施、商业与办公设施、SOHO 等构成，往往与区域交通枢纽相连接。

○ 高级居住区位于水位的上游、山的南侧、上风口、交通便利处等，是远离噪音、恶臭、煤烟、铁道的都市用地；低收入所得者的居住用地则多在铁路沿线、都市郊区、轨道交通站之间（徒步抵达车站时间长）的地方。

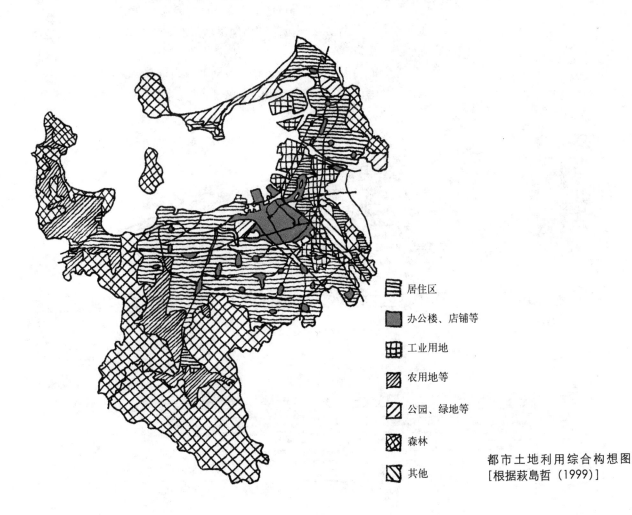

	居住区
	办公楼、店铺等
	工业用地
	农用地等
	公园、绿地等
	森林
	其他

都市土地利用综合构想图
[根据萩岛哲（1999）]

○ 产业用地一般布置在都市的外围，并且与都市外广域交通连接便利的地方，通过较宽的缓冲绿化带或天然河流等与周边都市相对隔离。

○ 通过都市干线道路，按照 1～3 km 的大尺度间隔将各个用途的用地划分开来，同时通过一般都市道路，按照200～500 m 的间隔将各种用地连接起来，做到大块分离、小块连接的道路网络体系。

○ 绿化用地要调整各种用地的平衡，减少市民不可利用的市政绿化面积，增加市民身边绿化密度，并穿插在各种其他设施用地内，共同形成绿地网络体系。

3. 地下空间的利用

○ 地下空间的利用，包括地下的上下水、电气及煤气等基础设施、地下铁路、地下通道、地下停车场、地下商业街等。

○ 在都市中心、轨道车站附近，由于人流和物流都在这里集中，形成了寸土寸金的局面，容积率和建筑密度都很高，通过地下空间的建设，可以大大缓解该地区的地表交通流量，提升都市土地的内在价值。

○ 在交通流量大的地区，地下空间起到了人车分流的作用。

○ 地下空间避免了与外界雨、风、阳光的直接接触，形成了人工的相对稳定的空间环境。

○ 在一些大型公共建筑里，通过与地铁、其他公共建筑以及周边商业街地下连接，形成便利、安全的都市地下空间，这成为都市空间的特色之一。

○ 地下空间的设计，要充分考虑到地下水、地质情况等因素，确保地下空间的防水、通风等。

○ 地下空间的使用，降低了能源消耗及对环境的负荷。

○ 设计上要考虑人的环境感受和空间开放度，消除地下空间的闭塞感。

日本东京表参道之丘一体整备方案平面图、剖面图［根据平本一雄（2005）］

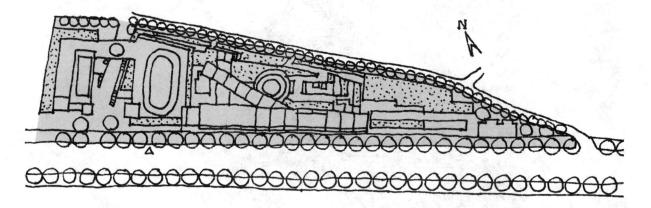

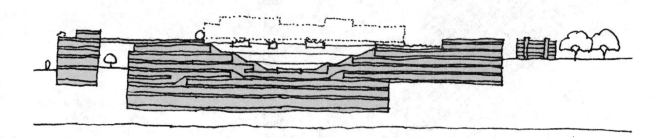

II-4 公共交通优先

1. 公共交通的多种形式

都市交通主要是人的移动和物的运输。其主要特色如下：

○ **都市交通有明确的方向性。都市交通是都市构造与其相应的社会体系的体现，有着明确的场所性、时间性、高密度性。**

○ 都市交通有着明显的周期性。体现市民的每一天、每个星期、每月、每年的生活周期性。

○ 以公共交通为主。包括铁路、轻轨、地铁、电车等轨道交通，还有巴士、出租车等。

○ 以短距离交通为主。

○ 每个人在空间中移动 1km 所消耗的能量依交通工具的不同而不同，铁道为 1 万 cal，巴士为 1.7 万 cal，私家车为 6.7 万 cal。

○ 由于交通工具的不同，每个人对空间的占有量也不同，巴士为 0.28 m²，私家车为 4.24 m²。

都市轨道交通的布置形式有很多种，其具体特点如下：

○ 一般不在都市中心集中，往往结合都市市民的集聚状态设置换乘车站，成为都市副中心。

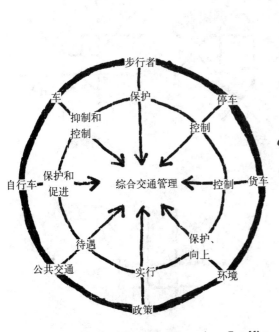

综合交通管理（Comprehensive Traffic Management）的对象和对策概念图 [根据土地综合研究所環境都市研究会（1994）]

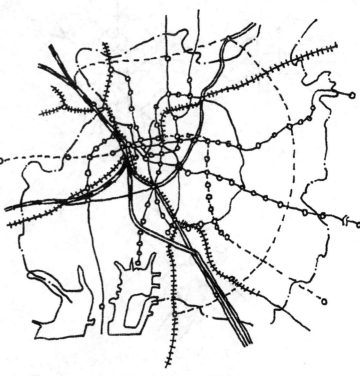

名古屋都市圈的铁路网 [根据加藤晃（1993）]

○ 设置众多的可以换乘的车站，减少换乘的次数。

○ 都市轨道网络与都市建设一样，以面的形态向四周扩散。

○ 运输能力大，在短时间内可以将大量的旅客迅速转移，一般可以达到一小时运送 3~6 万人左右。

○ 高速性——平均可以达到时速 30 km 以上。

○ 准时性——通过交通系统统一协调，平均误差可以控制在 1 min 内。

○ 安全性——电气化程度高，减少了人为的错误和事故的发生，在各种形式中最为安全。

○ 充分发挥车站附近土地功能潜力，提升土地自身价值，带来巨大的经济效益。

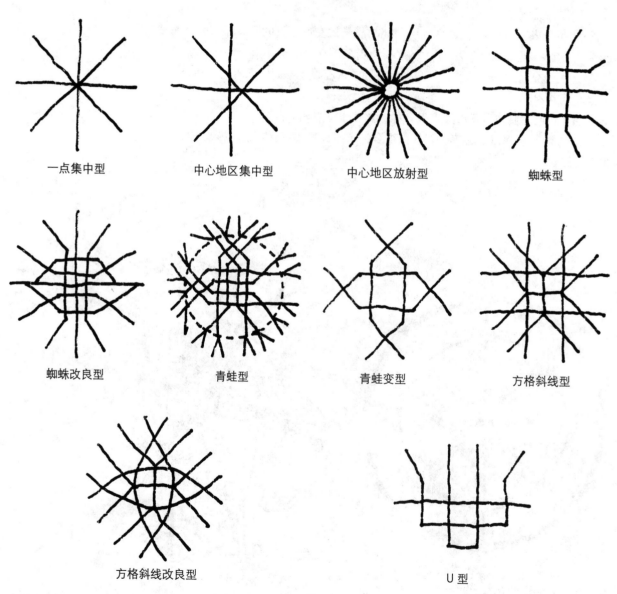

一点集中型　　中心地区集中型　　中心地区放射型　　蜘蛛型

蜘蛛改良型　　青蛙型　　青蛙变型　　方格斜线型

方格斜线改良型　　U 型

都市轨道交通网的基本形状 [根据加藤晃 (1993)]

　　巴士是中远距离运输的主要工具，由于其高机动性和周密的服务网络，它既可以作为都市轨道交通的末端运输机构，也可作为都市中心的主要运输服务手段，还可以作为没有轨道交通的都市的干线运输机构。其具体特点如下：

　　○ 主要在一般道路上运行，线路的设定和运输时间间隔以及巴士网络的规划设计，有很大的灵活性。可以结合都市具体需求，调整巴士网络密度和疏散程度。

　　○ 前期交通系统建设的投资小。

　　○ 受道路交通状况的影响大。

　　○ 高速性、准时性方面不如轨道交通。可以通过巴士专用道路、巴士优先道路的设定，以及定时巴士专用道和巴士信号灯的导入等加以改善。

　　除此之外，都市交通还有自动步道、自动扶梯、电气化小型车、轻轨等多种交通模式，各种交通模式的运输能力和运营距离的关系如下图所示。

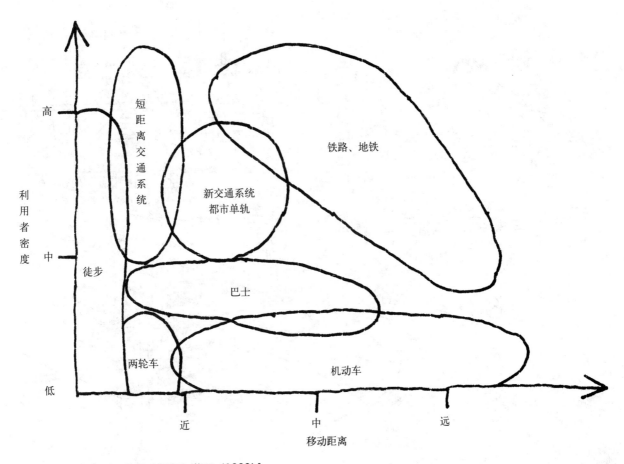

城市交通手段的适用范围［根据加藤晃（1993）］

2. 减少私家车的数量

这里，私家车是指在政府整备的交通道路上进行个别的空间移动的私人机动交通工具。

包括私人汽车、摩托车、电动两轮车等，在公共交通优先的总原则下，我们的都市设计方向是减少私家车的数量。

○ 私家车由于有着使用上随时、随意的方便之处，所以尽管其在一定程度上需要个人负担车辆的购买、维修、燃油、保管费用，但仍在都市交通中占有相当大的比例。不过，从都市、社会乃至地球的角度看，私家车存在着能源消耗大、单位空间占有量大、运送效率低等问题，对都市交通堵塞、空气质量恶化有着不可推卸的责任。

○ 机动车存在着越来越严重的停车难问题，其往往成为一般道路交通堵塞的原因。

○ 电动两轮车、摩托车等存在着路边随意停放的问题，严重影响都市内的步行交通空间和都市街道景观。

○ 应通过多种公共交通形式的导入，构筑良好的都市交通系统，从根本上减少私家车存在的必要性。

充分发挥立体交通优势，明确各种交通空间的使用对象和模式

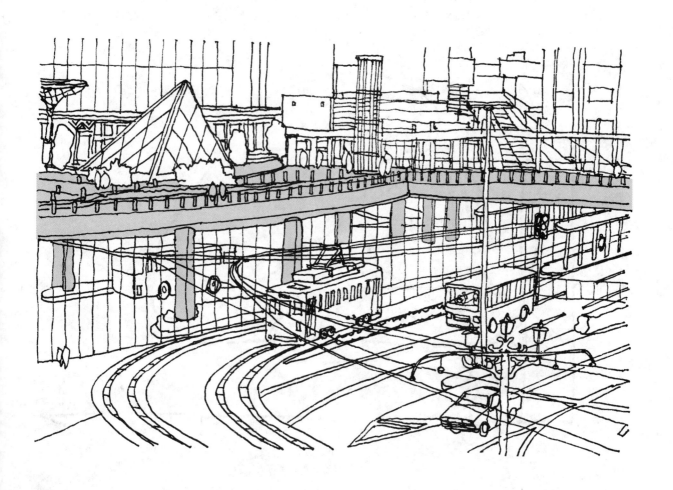

3. 以人为本的设计思路

○ 重视步行空间。

步行不需要交通工具，作为人类移动的基本手段，是末端交通的主要形式。具体设计手段有人文尺度的设计、无障碍交通、健全的公共交通整备、步行范围的扩大等。

○ 确保步行者的安全。

具体体现在交通信号灯的步行信号灯设置、交通路口的步行信号灯的时间延长、明确的步行空间、与其他交通空间的隔离等方面。

○ 步行空间往往作为人们的日常生活空间使用，要注重变化丰富、舒适愉快的生活空间的形成。具体体现在绿化景观的设计、休息场所的设置、日晒强风的回避、减少与其他交通的交叉等。

○ 步行空间网络化。

○ **不依存机动车的存在，在步行圈范围内解决日常的生活功能。**

○ **强化专用的步行者空间，包括住宅区内专用的步行者道路、商业区的步行天国①、二层步行天桥网等。**

安全、安心的室外步行空间，扩大了人们生活空间的范围，增强了社区及都市的归属感

① 步行天国一词，译自日文，指的是纯粹的步行空间环境，也可称作步行者天国。

Ⅱ-5　安全安心的环境

1. 健康（包括精神范围）

健康的都市环境是对都市品质评价的重要指标之一。主要包括以下内容：
○ 可以安心生活的环境。具体体现在犯罪率低、交通事故少等。
○ 经济上稳定，人均国民年收入较高，有一定的储蓄和固定资产。
○ 人均寿命较长，婴儿死亡率低。
○ 人们的精神较好，城市富有朝气，负面新闻少，自杀率低。
○ **家庭单元合理、稳定，生活品质高。具体体现在家庭人员构成、离婚率、出生率、在家时间、外出聚餐的次数、住宅的人均面积等方面。**
○ 工作环境舒适。包括工作状况、失业率、劳动时间、休息状况、劳动保险和福利等内容。
○ 良好的教育水平和环境。包括教育设施的分布状况、各级学校的升学率、学习时间、自由阅读时间、参与文化活动的时间等内容。
○ 适宜的社交活动。包括社交时间、每月的交际费用、加入团体状况、会员人数等情况。

明确的居住区社交活动空间

2. 卫生（物理环境）

充分运用各项现代科学技术，确保良好的都市卫生物理环境。具体体现在以下方面：

○ 下水道普及率高。

○ 自来水水质好。通过良好的净水设施处理，提高都市自来水质量，让人们喝得安心、放心。

○ 食品处理严格。

○ 严格控制工业废水、废气等的处理，确保不对周边环境产生污染。

○ 医疗水平较高，可以控制各种传染病的传播扩散。

○ 提高住宅的各种性能，消除霉、潮、噪、闷等不良现象。

○ **根据传染病控制、水源分布等具体要求，将都市空间进行合理划分，分区分片，通过明确的都市分区，对应各种突发事件。**

○ 注重都市人群的卫生教育，培养良好的都市卫生习惯。

○ 形成健全的卫生监督和管理体制。

○ 通过消除视线死角的都市设计，实现社会的共同监督，构筑卫生舒适的都市环境。

○ 通过合理的都市布局，解决建筑物的通风、采光、日照等问题，并满足环保节能与环境共生的要求。

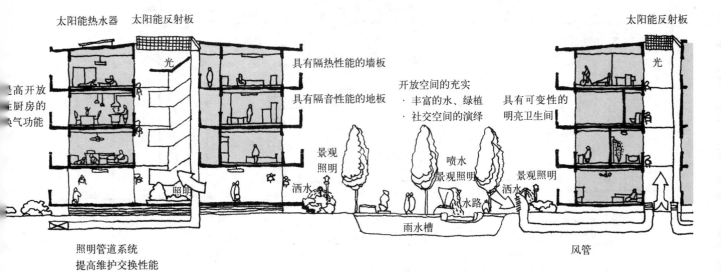

关于住宅卫生环境的各项技术处理［根据ベターリビング（1992）］

3. 安全的社会制度体系

通过各界人士的共同努力，形成完整的安全制度体系，对应各种自然及人为灾害。具体体现在：

○ 明确土地利用功能，除个别需要多种功能混合的情形外，尽量避免土地用途上的混合现象。

○ 消除毒气、毒品、火药、燃料等危险物品的随意堆放现象，严格和明确各种危险品的管理制度。

○ 强化都市设施的抗风、抗震等建筑结构设计及施工。

○ 严格对待各种建筑物的消防、抗震等设计要求，明确其工具配置，并定期进行监督检查。

○ 重视建筑物的地基建设，防止下沉现象。

○ 对脏、乱、差的街区进行再开发建设。

○ **在都市层面上系统布置公共开放空间，确保都市的紧急避难场所和道路。**

○ 对于相隔 2 ~ 4 km 的都市干线道路，要确保 30 m 的道路宽度，防止都市火灾的蔓延。同时，还要充实消防、急救、通信等紧急设施的配置。

○ **建立紧急联络体系，明确每个人的联络对象和方式以及避难场所等。**

○ 定期进行安全教育和训练。

供灾难发生时返回住所有困难的人使用的设施形象［根据日本涩谷区都市整备部地域まちづくり（2007）］

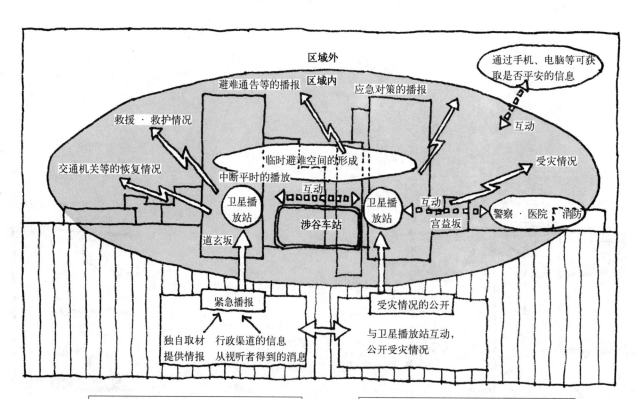

〈灾害发生前〉
· 播报地震预测信息
· 播放普及防灾知识以及有关防灾信息
· 播放灾害发生时的经验感受以及注意事项、促使沉着冷静地对应

〈灾害发生后〉
· 播放受灾情况
· 播放涩谷区及有关机关的应急对策
· 向居民播放避难通告
· 播放救援，救护以及医疗活动的状况
· 播报生命线、交通机关等的恢复情况

4. 都市防灾系统

都市设计中，通过都市防灾系统的建立，确保良好的都市环境，主要手段如下：

○ **灾害的防止与避难场所的确保。**

• **防灾带的设定。** 防灾带是在都市中设置的缓冲绿化带，目的是为了在山地滑坡、强台风等灾难来临之时减轻灾害损失，防止被害地区的扩大。具体体现在市区内的绿化隔离带、多功能的河流平衡水池、火灾时的防火绿化带等。按照防灾带的级别，主要分为 800 m 宽的爆炸防灾带、100 m 宽的地区防火带以及 50 m 宽的街区防火带等。

• **避难场所和避难道路的确保。** 在都市中合理布置避难场所和避难道路，结合地域人口规模，保证都市市民的生命安全，减小被害损失。

○ **公害的防止及缓冲绿化的设置。**

针对大气污染、水质破坏、噪音、振动等，在公害源附近如工厂及飞机场等处，设置缓冲绿化带、通过水生植物对水质进行净化的湿地、干线道路绿化、干线铁路绿化等多种多样的绿化用地。

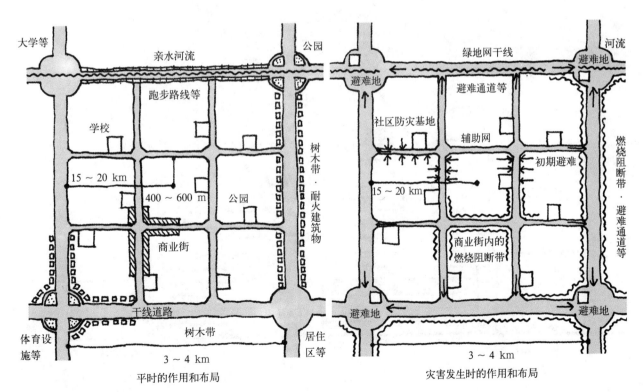

防灾绿地网的布局模式 [根据内山正雄，平野侃三，平井昌信，蓑茂寿太郎，金子忠一（1987）]

II-6   自由民主的氛围

1. 有限制的自由

都市设计是种有限制的设计活动。

○ 在欧美的许多国家，对某一地区进行民营的开发建设，需要承担都市的绿化及道路等方面相应的义务。如根据开发规模从用地内划分出都市公园用地，作为对都市建设的贡献。

○ 沿街建筑物，需要根据道路的级别和宽度、市政绿化带等，设定建筑物的后退距离、建筑限高等。

○ 建筑物之间，除了要满足正常的防火间距、日照条件等，还要充分考虑到建筑物之间的视线回避、景观的呼应等。

○ 居住区内部，住宅楼之间，既要满足日照、采光、通风等要求，又要结合住区的组团社交系统，形成良好的社交空间和联络通道，构筑居住区舒适的人文环境。

○ 各种不同土地用途的用地之间，要充分顾及本用地对周边用地的影响，设置缓冲绿化带或其他过渡空间。

○ 都市设计需要满足并体现多方面团体人群的利益，是受土地所有者、开发者、使用者、项目本身及周边环境等限制的行为。

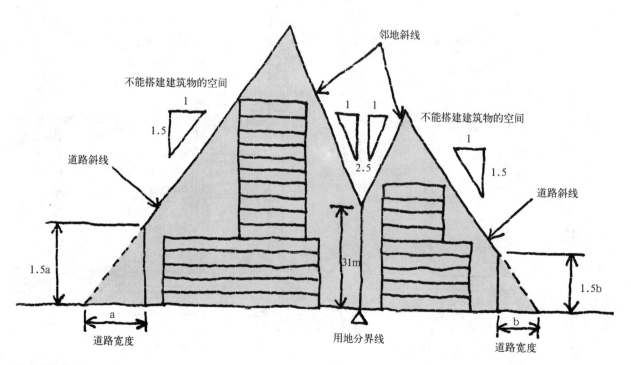

日本都市设计法规中关于高度的限制、道路斜线、北侧斜线、邻地斜线等方面的关系示意图 [根据加藤晃（1993）]

2. 良好的社会体系

都市的建设，最根本的目的是要满足广大市民的利益要求。

○ **让市民参与都市设计。** 从整体规划、交通、景观设计，到建筑空间造型、色彩材料，乃至物业管理、维修保险等各个方面，由市民自己决定都市的规则和秩序，并结合都市的历史文脉，共同建造有都市个性魅力的空间环境。

○ **成立都市设计委员会。** 由熟识当地情况又保持中立立场的有识者构成该委员会，在维护都市各种力量的平衡的同时，制定明确的判断指标，作为市民参与讨论的平台，并保持长期性和稳定性，对工作结论赋予一定的法律权限。

○ **将都市设计的管理体制和基本流程等法规化。**

○ 土地所有者对相应的都市开发用地和开发主体，加以明确的开发条件限制，并采用合同的形式监督执行。

○ **实施行政指导。** 在政府行政部门内，由相应的专业人员对都市开发行为加以指导，保证开发行为的顺利进行。同时，关于土地用途、建设密度、容积率、道路后退距离等，制定明确的图纸或条例加以限定，并对可以变更的地方通过规划设计导则的形式确定大的框架，把控都市开发的整体效果。

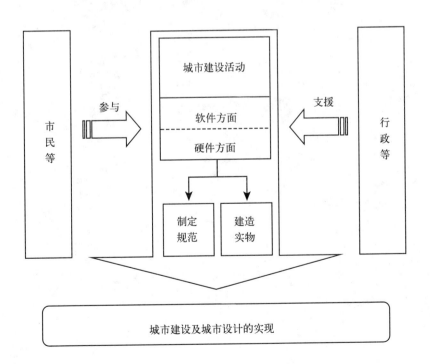

市民参与城市建设设计

3. 责任和权利的同时认知

成熟都市的建设，需要开发商、政府行政部门、企划咨询公司、设计单位、建设公司、消费者等多方面的协调作业，不是哪一个环节可以独自决定的。在确保自身利益的同时，也要负担起相应的社会责任。

○ 作为市民，既是都市的使用者、消费者，有着享受都市设施和都市生活的权利，同时，也有着建设和完善都市的责任。市民应积极参加都市设计，将自己对都市形象和使用上的要求具体、明确地阐述出来，形成统一的都市形象，制定都市设计模式，共同构筑良好的都市环境。

○ 在设计各种功能的建筑物时，要在完成其自身需求的同时，充分考虑到对周边环境的贡献。如处于街角的商业建筑，要分担交叉路口的人流、车流，尽可能设置街角广场，提供更多的公共开放空间让大家使用，同时，合理组织人流动线，尽量做到人车分流，形成安全、安心的步行空间。

○ 关于停车场，原则上要求在规划用地内部解决，不对周边交通构成负担，具体执行需要结合当地具体情况，决定停车场的运营方式和停车管理方法等。

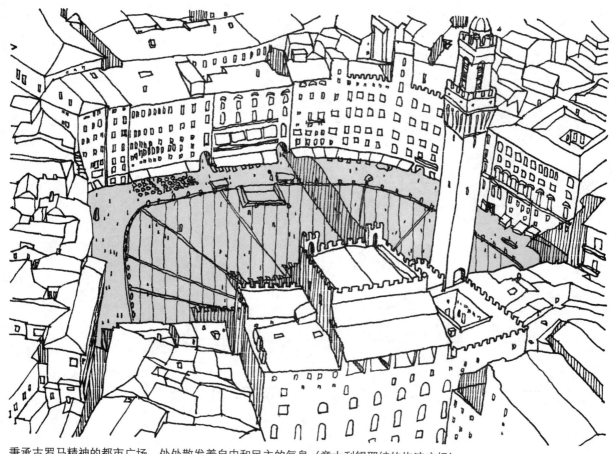

秉承古罗马精神的都市广场，处处散发着自由和民主的气息（意大利锡耶纳的坎波广场）

4. 明确的归属感

都市归属感的塑造可以采用以下几种方法：

○ 都市构架清晰。其具体体现在，有一个大的都市中心、几个副都心、都市中心主轴、生活娱乐轴及其他轴线，整个都市有居住、工作、产业、娱乐、商业等大的功能分区，等级特征明显的中心街区、成熟街区、外围街区，网络化的绿地、交通体系等。

○ 都市中心空间明确，以都市象征性空间或标识性建筑物作为核心空间展开，人们在都市的各个角度和位置都能够明确地认知。

○ 对于在都市生活的人们来说，以车站为中心的明确的都市构成让大家可以清楚地了解自己的都市，也便于外地来的游客方便地利用。

○ 明确的都市构成，又往往可以结合地理、文化等当地特色，形成有魅力的都市空间。抽出都市内的主要特色要素，都市中的山丘、一片湖水、奔流的大河等，都可以作为都市的主要构成核心，并以此为中心在周边进行都市其他要素的空间布置。

○ 交通体系划分细致、等级清楚。广域交通连接，包括高速公路、城际电车、干线运河、机场等。区域内的市政道路，包括干线交通道路、次干线交通道路、一般都市道路、都市支路，以及用地内的小区道路、组团道路、服务道路等。在都市内，应形成尽可能与车行道路分离的步行空间体系和自行车道系统。

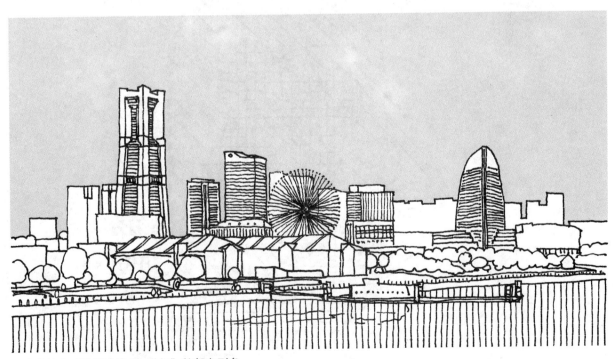

日本横滨市"港湾未来 21 世纪"的都市形象

Ⅱ-7　功能的自我循环

1. 都市的目的空间

都市的目的空间是指具体的都市建筑物空间或室外功能空间，具有独特、明确的空间功能特性，从而保障人们在都市中的居住、工作、休闲等各种生活行为。

○ 都市目的空间主要包括居住、交通、商业金融、工农业、休闲、文化教育、医疗福利、行政办公空间等，具体分类如下：

·居住——包括独立式住宅，低层、中高层各类集合住宅等。

·交通——包括车站、停车场、各类市政及用地内道路等。

·商业——包括事务所，餐饮、服装、日用百货等各类商业店铺，宾馆、浴场等服务设施。

·工农业——包括重工业、轻工业、山林、田地、河流等。

·休闲——包括电影院、体育馆、度假村等。

·文化教育——包括幼儿园、小学、中学、高等教育设施、职业教育设施、音乐厅、剧场、图书馆、美术馆等。

·医疗福利——包括老人设施、残疾人设施、保健所、医院、急救中心等。

·行政办公——包括各级政府部门、邮政设施、地区中心设施等。

○ 目的空间在具体的都市设计过程中，往往作为土地利用规划的功能分区来进行。即遵循都市基本构架，顺应各种功能的空间特性要求，按照

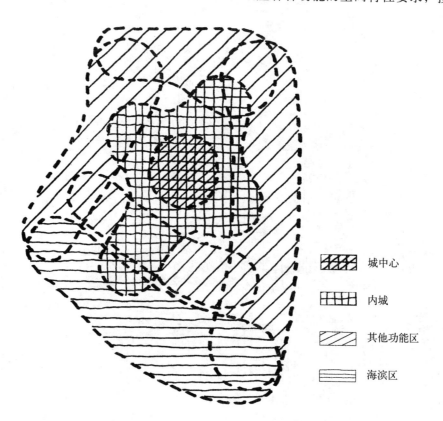

▨▨▨ 城中心

▦▦▦ 内城

▨▨ 其他功能区

▤▤ 海滨区

幕张新城的目的空间构成

相互作用的力量平衡关系和原则，在都市内部布置相应的居住、商业、办公等功能区域。

　　○ 不同的目的空间要求不同的空间特质，需要针对其不同功能加以区分。如工厂需要用地有着便利的地面交通，住区需要相对安静、日照良好的地方。不同的目的和用途，对日照、噪音、车辆交通、公共开放空间、绿化等的要求也不同。通过相对的功能集中和部分混合以及目的空间的相互融合，明确土地用途和空间形态，保持都市构架的良好平衡和都市功能的自我循环。

　　○ 交通空间和设施作为都市构成的基本要素，成为人流、物流、信息、能源的空间移动的承担者，在都市的目的空间中占有非常重要的地位。

　　• 电车车站是现代交通空间的一个重要内容。电车是包括地铁、轻轨、城际列车等的总汇，在以公共交通为主的当今社会中占着非常重要的地位。良好的电车车站设计，对整理都市交通、润滑都市内的各种空间移动、保证都市的自我循环，有着重大的贡献和意义。

　　• 具体内容包括车站的轨道交通、巴士、机动车、自行车、步行者等的交通梳理及各类交通之间的平滑连接，努力提高都市交通的便利性。同时，作为都市的代表空间，需要良好的都市象征性空间景观。随着各类人流及物流的汇集，往往给车站周边带来蓬勃的商机，大量的办公、商业、附属设施在这里集中，土地的价值也随着空间的有限而得以飙升，三维立体开发、功能复合利用是车站设计的重要课题。

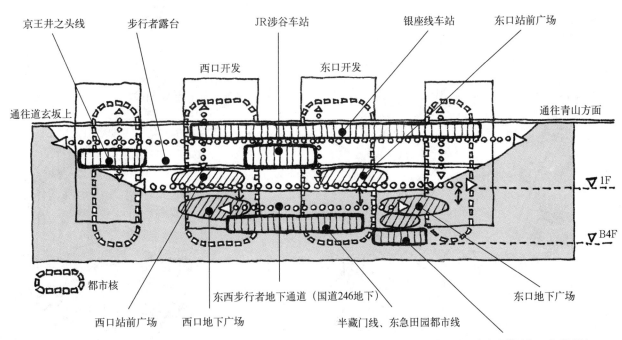

车站设施、站前广场的交通节点功能设计（日本涉谷车站及附近剖面形象）［根据涉谷区都市整备部地域まちづくり（2007）］

2. 密集老市区的整合

密集老市区是一个都市成长的原点，是都市中最富有生命力的地方，也是生活在都市中的人们的"原风景"。通过合理的整合整理，让老市区重现往日迷人的风采，是都市功能能否形成良性自我循环的关键，以下是几个常见的整合方法：

○ 进行人车分离。设置硬质步行空间，形成无车辆通行的步行天国，同时作为绿色连廊和社交道路使用。

○ 形成大街区。废除原有的中间细小道路，形成大的都市尺度的街区，使高密度成为可能。

○ 街区内功能的简单化。

○ 充实公园、广场、市政基础设施等内容，整备都市功能设施。

○ 适当提高街区容积率。

○ 构筑人文尺度的都市景观。

○ 尊重原有的都市肌理，保持都市文化的传承。

○ 布置合理的都市功能，确保老市区的运营和管理。

○ 保留有历史文化气息的古建筑、老字号店铺、胡同名、门牌坊等。

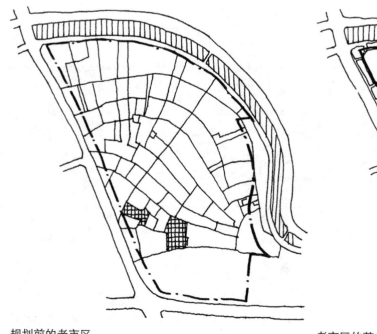

规划前的老市区

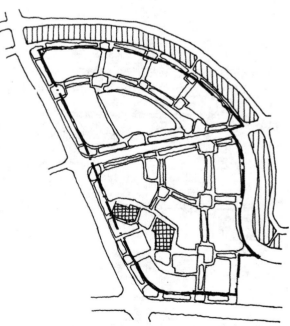

老市区的整备规划

3. 水边空间的再生

与居住设施、商业设施、游艇码头、公园广场等相结合，合理配置各种都市功能，构筑舒适的水边都市环境。

○ 设置水边散步道及与其相连的各种步道，形成相对独立的步行网络体系，创造良好的亲水步行空间。

○ 与周边的设施一体考虑，综合布置停车场。

○ **充分发挥水边空间的公共开放特性，举办水边运动、夜间音乐会、焰火大会、周日集市等活动，活跃水边空间的公共氛围。**

○ 整备回游道路和相应的连接道路。

○ 设置人工水路和沙地等场所，供人们休息游乐。布置安全的儿童戏水场所及其他儿童游乐设备。

○ 在周边的建筑物内，设置可以眺望水景的眺望台。

○ **水边空间及建筑物的设计，要注重大小尺度的结合。既考虑到从河对岸或者更远处观赏的大尺度景观效果，又要满足水边空间的实际人文尺度的需求。**

○ 保持滨水建筑物的景观连续性。

舒适的水边空间环境设计，可以让到这里的人们得到彻底的身心放松和休息

4. 居住区的再生

居住区是都市人们居住生活的地方，占有着都市大部分的用地，在城市规划层面的合理定位及布置，决定了都市居住区的整体水平。具体做法有：不与铁道、河流等直接临界，要位于工业用地的上风口等。

○ 良好的周边环境。居住区生活品质的提高，很大程度上依靠周边环境，生活便利、功能完善的都市环境，让人们充分享受到高品质的都市生活。

○ 内部布局上，将生活组团细小划分，控制在 1 ~ 3 hm² 左右，组团之间配以公共开放的社交空间和各种生活配套设施，活化小区内部的社交氛围。

○ 交通组织上，注重人车分离，形成安全、安心的交通环境。明确车行道路等级，限制和调整各类道路的交通流量，减少外来车辆的过往交通。合理布置人行动线，形成舒适的步行交通网络。

○ 景观设计上，对不同的场所赋予不同的景观特色。注重动、静相结合，消除视觉死角，形成变化丰富的住区景观空间。

○ 组织各种级别的社交团体，促进相互的交流和帮助，进行人文和谐的住区建设。

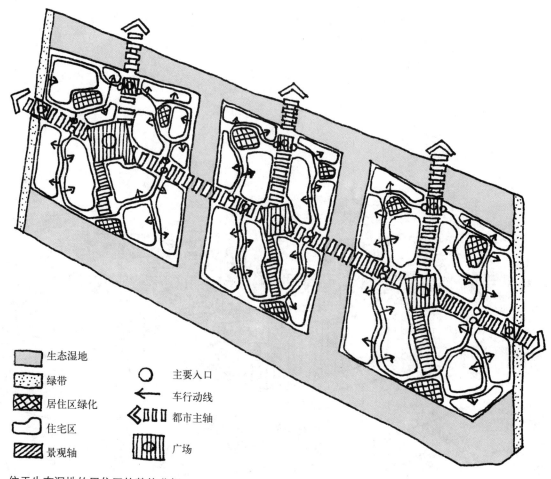

生态湿地
绿带
居住区绿化
住宅区
景观轴
主要入口
车行动线
都市主轴
广场

位于生态湿地的居住区的整体分析

5. 资源的再利用

都市资源有限，在节约能源方面除了经常采用的太阳能、风力发电，以及生活垃圾分类回收再利用、雨水净化等之外，在都市内的资源再利用还有一些自己的特点，具体如下：

○ 设施的有效利用。

一是空间上的利用。具体如污水处理厂的地面空间利用、水道管线内空间的共同利用——共同沟内设置光缆等其他管线。

二是中水的利用——融化的雪水的使用、热电厂中水作为热源的利用、生活下水的再利用。

三是其他物质的再利用——污泥的有效利用、燃烧灰的再利用、建筑废弃物的再利用、办公用纸的分类回收。

○ **对雨水流出的控制。设置蓄水池、浸透型雨水井、分流式下水道等设施。**

○ 降低给水系统的能量消耗，推进广域给排水规划设计。具体采用5层以内的直接给水方式、给水的温水化处理等方法。

○ 在能源供给方面，采用焦化煤气发电、安装废热发电设施等措施。

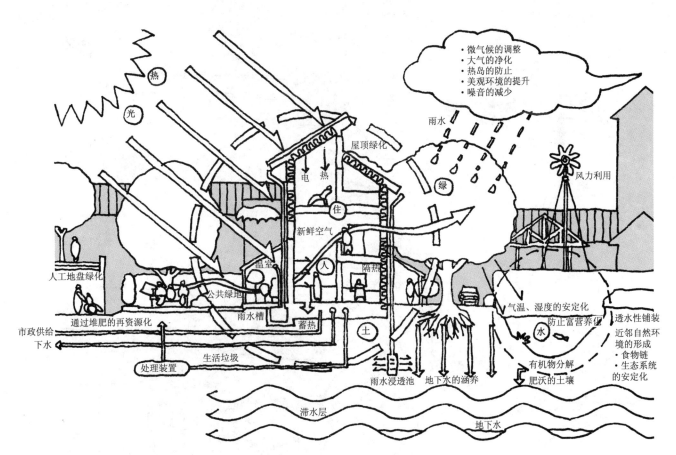

资源利用概念图（根据東京世田谷区深沢環境共生住宅パンフレツト）

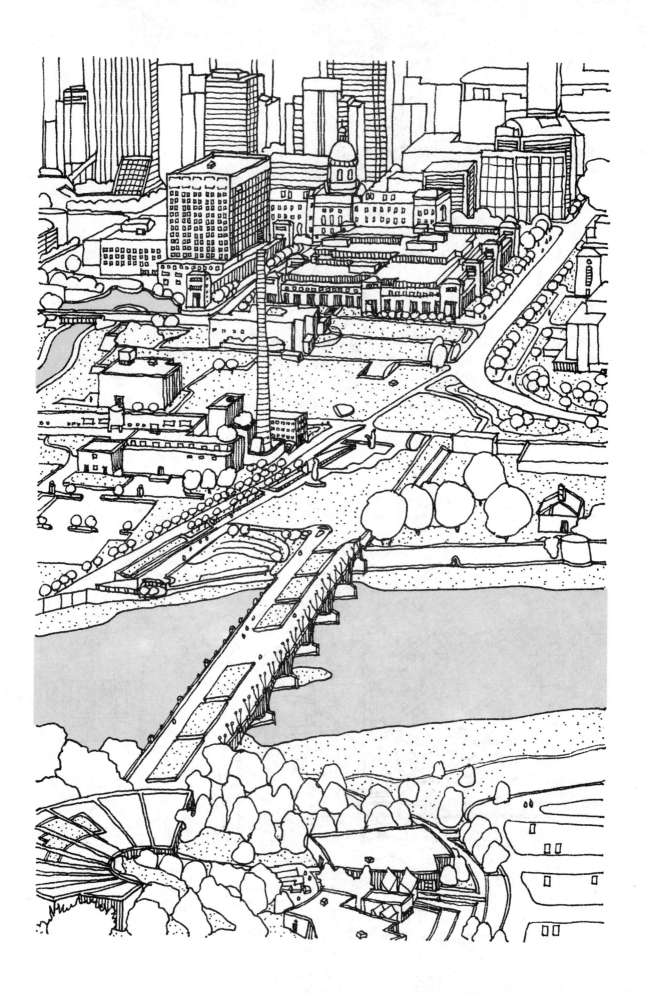

Ⅲ——原则2 与环境共生的都市及其设计手法

Ⅲ-1　概要

　　原则 1 是从都市自身的功能入手，研究了都市发展的可持续性。原则 2 则是从各种自然资源和社会环境的角度，探讨都市与自然及周边环境的协调，希望达到都市设施及生活等与环境相融合、与环境共生的境界。

　　与环境共生的都市是自然与都市相融合的都市。都市离不开自然，是大自然的一部分，且从属于自然。都市内部需要阳光、绿树、河水等自然要素的滋润，都市建设以及维持都市正常运营的大部分资源都是从自然环境导入都市环境，并支持着都市的各种行为，同时，都市活动产生的各种废弃物又将返回到自然中去。如果都市的各种行为不能与周边的自然环境相融合，不能形成良好的循环利用，都市将失去它的发展动力，都市中的人们也将无法继续舒适愉快的生活。只有都市与自然融合，与环境共生，才能保持都市绵延不断的生机和活力。

**　　要做到都市与环境共生，最重要的是保持都市与环境良好的平衡。**

　　与自然形成的农村聚落不同，都市在相当大的用地范围内，明确地运用各种都市管理和运营理念，对都市内的功能、规模、具体内容等进行了划定和设置。都市是一个社会的产物，是人的意志在现实中的体现，都市的外部是自然，以大自然为主角展开，都市的内部是人类社会，人是都市内的主宰，都市内的一切都是为了人们能够更好地有秩序地生活而布置或规定的。人走步行道，车跑机动车道，建筑按照一定的规则布置，中间穿插充满阳光和绿化良好的公园，并有着各种制度保证人们可以自由安全地生活。

　　然而，自然环境资源是有限的。在都市周边的自然所拥有的环境容量是一定的，如果人们为了自己的舒适而忽略了自然环境的有限性，破坏了都市周边的自然环境，将造成不可修复的严重后果。在现代的都市建设过程中，应采用寻求与自然的共生，减少氮氧化合物、硫氧化合物及二氧化碳等破坏自然环境物质的排放，节约资源和能源，推进资源的再利用等一系列措施，来尽可能地减少都市行为对自然环境的负荷。

　　保持都市活动和资源利用的平衡，在满足都市基本活动的同时尽可能地减少对环境的破坏，形成一种动态的平衡是做到与环境共生的关键。

　　在我们进行都市设计的时候，需要充分解读用地的自然地貌、现有植被，以及其与周边用地的各种联系，重视地块与广域的资源、交通等的一体性，寻找出该规划地的个性和场所性，做出符合该用地的规划设计方案。这是一个大的工作原则，需要贯穿到我们工作的每一个环节之中，并结合与环境共生的各种具体的技术，得出具体的规划设计实施方案。

与环境共生的主要都市设计手法如下：

■ 广域规划设计

对自然界中的山、水、太阳、风、动物、植物等各种要素进行剖析，评估广域资源的环境容量，结合都市的分布以及都市功能的制定，形成广域内的资源互补及平衡。

■ **网络的形成**

形成等级明确的资源网络体系，在都市内设定风道、水道、绿道等都市环境通道，与都市其他功能一体化，构筑都市和环境互相支撑的体系。

■ 明确的界线

在都市的周围设置环状道路、城墙或其他与周边自然环境相隔离的装置，进行都市边缘空间的处理，进而明确人与都市、自然的归属（个体所在组团、区域、都市的位置定位）。

■ 身边小环境的构筑

通过绿化、水以及生态池等具体方法，构筑都市内的小自然环境。

■ 舒适居住环境的创造

采用各种科技手段，形成以住宅来构筑都市的设计方法，强化建筑单体节能技术的开发，树立社区的意识，创造愉快的社交氛围。

■ 环境意识的强化

通过太阳能板等环保设备的设置，进行身边的环境教育，形成与动植物生存在一个空间的意识和共生共存的理念。

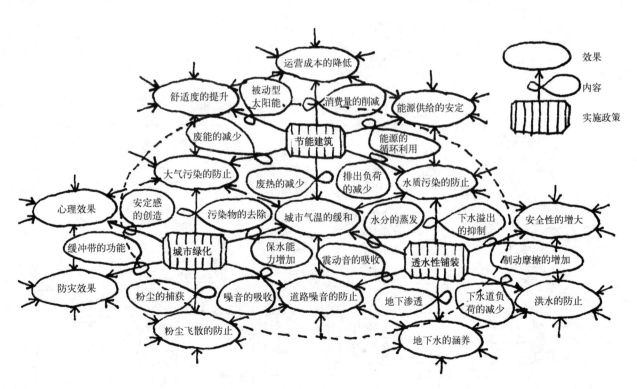

以都市绿化、透水性铺装、节能建筑为中心的生态都市的效用［根据土地総合研究所環境都市研究会（1994）］

III-2 广域规划设计

1. 自然界

综合分析大气、山、水、太阳、风、动物、植物等自然要素的相互关系和动态网络体系，评估区域的环境容量和负荷力。

○ 以绿化为例，简单介绍广域规划设计的方向。

都市开发要综合考虑自然用地特性，确保大量的都市绿化林。

把握绿化与自然的关系。例如强化对热岛现象的认识，分析周边绿地的大气流动模式，以及绿地的设置与热岛现象减轻的相互关系。

通过绿带将都市围合起来，明确都市的范围，对绿带内的都市设施建设加以限定，但下水道、电缆、变电站等设施可以建设。

○ 环境问题分为自然环境和人文环境两大类。

自然环境问题包括大气环境、水环境、土地环境、生物环境等方面。大气环境主要指大气污染、刺激性气味、噪音、日照、光、放射线、地磁波等问题；水环境指水质污染、放射能污染、洪水等问题；土地环境指土壤污染、土石沙流失、土地下沉等问题；生物环境主要指对动植物资源及生物链的破坏。

人文环境问题包括都市设施、都市环境等方面。都市设施指道路整备不完善、给排水系统不健全、社区设施不够等问题。都市环境指都市中心空洞化、老市区治理不够、垃圾处理及资源浪费等问题。

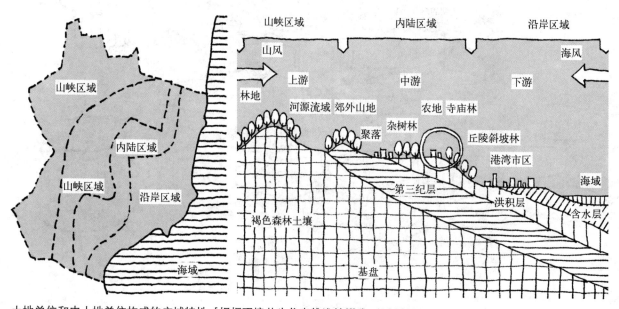

土地单位和由土地单位构成的广域特性［根据環境共生住宅推進協議会（1998）］

2. 人文界

对自然界要素的设计，要结合都市的分布以及都市功能的制定，形成广域内的资源互补及平衡。具体做法是针对上一页讲述的人文环境问题，提出以下的解决方案。

○ **严格控制都市街区的土地利用，抑制过度市区化现象。**

○ 利用当地气候和风土状况，缓和都市气象情况的恶化。

○ **调整分区等级，将街区进行细小划分。**

○ 控制都市开发总量和速度，明确并公开各种公共服务设施的建设情况。

○ **在都市内建设多个小的自然环境，可以是绿地公园，也可以是湖泊、小溪，与都市外部的自然环境形成网络体系，贯彻田园城市的理念。**

○ 优先公共交通，重视步行空间。

○ 保护水系和土壤，针对各个地块设定详细的绿地、水面等覆盖指标。

○ 节约能源、净化大气。

○ 推进废弃物的再利用以及垃圾的分类处理、回收再利用。

○ 推进环保住区的建设。

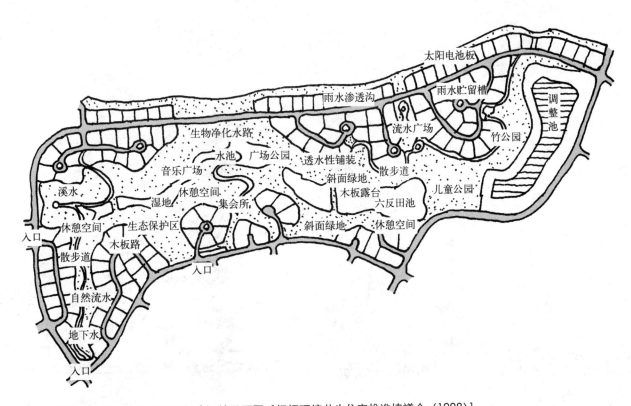

百合丘新城六反田池周边地区规划建设总平面图［根据環境共生住宅推進協議会（1998）］

Ⅲ-3 网络的形成

1. 互相支撑的体系

土地利用、交通、绿地、景观等各种规划一体化综合考虑，形成相互支撑的规划设计体系。具体设计手法如下：

○ 充分发挥都市所在区域的气候风土特性。

○ 注重风的利用。通过日照形成的日夜温差，让都市保持新鲜的空气，缓和热岛现象。

○ 在都市内合理布置各级绿化用地，形成绿色网络。

○ 在每一个绿色节点，设置大量绿地和水系，从而产生该节点与周边环境的温度差，通过大气的压力差和风力，向都市内导入新鲜清凉的空气。

○ 结合绿色网络，调整、制定详细的都市规划设计指标，对建筑密度、容积率、高度等加以明确的限定。

○ 针对不同等级的道路或分界线，设置宽度不同的绿化带。

○ 通过雨水回收、透水性铺地等方法，整合地下水资源，使其尽可能均匀地分布到都市的各个角落。

○ 严格控制每个地块的建筑覆盖率，确保用地内的土壤率（人工覆土不计算在内）。

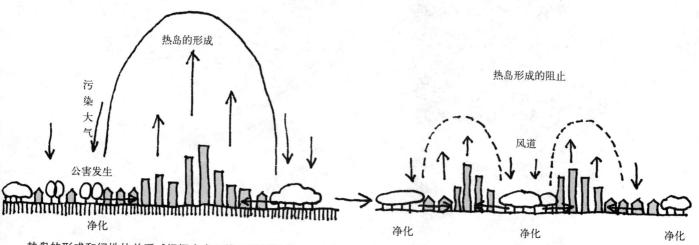

热岛的形成和绿地的关系［根据内山正雄，平野侃三，平井昌信，蓑茂寿太郎，金子忠一（1987）］

2. 绿道等通道的意义

在都市内设定风道、水道、绿道等都市环境通道，与都市其他功能一体化，**构筑都市和环境互相支撑的体系**。具体设计手法如下：

○ 进行通畅的风道设计，消减都市中心区的热岛现象，降低大气污染的危害程度。

○ 通道设计与绿色网络相结合，成为网络体系的一部分。

○ 绿道等通道也是都市中各种野生小动物的生息通道。

○ 结合绿道，在都市内设置生态池，吸引野鸟、野生鱼类来此栖息生活，并成为都市人们进行野生动植物教育的场所。

○ 设置与自然亲近的地区或场所。

○ 保护珍贵树种和历史园林或绿化，并定期加以维护和检查，制作标示牌，告诉人们各种植被知识，强化绿色环保教育。

○ 与都市建筑空间一同设计考虑，让建筑物与绿化景观融为一体。

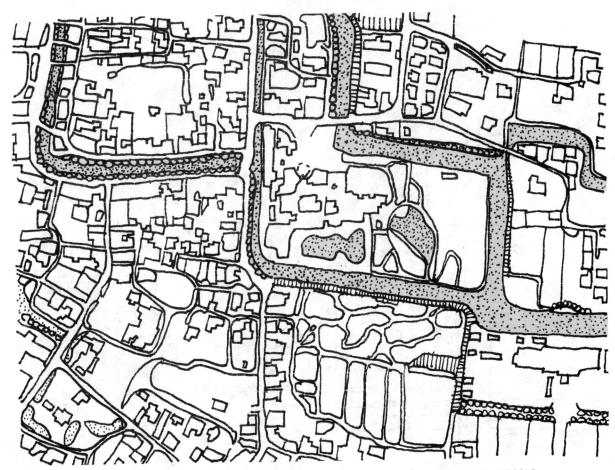

柳川市水路净化及休闲空间整备［根据渡边定夫，曾根幸一，岩崎骏介，若林時郎，北原理雄（1983）］

3. 等级明确

都市设计的各个方面，包括功能分区、交通规划、绿地景观设计等，都需要形成一个等级明确的系统，针对不同的土地特点找出具体的规划设计方案。

○ 都市需要有明确的中心，作为整个都市或者该地区的象征空间，具有让都市市民感到骄傲的标识造型和尺度，强化人们的区域归属感。

○ 结合都市特点和人们生活习惯，设置若干都市轴线——**商业轴、社交轴、文化轴、景观轴等等，将各种都市功能最大限度地接近市民生活。**

○ 各级道路系统分工明确，尽可能做到人车分离，为人们构筑安心的交通环境。布置散步主轴和与之环绕的各种服务道路及步行小径，形成拥有良好景观的舒适步行空间。

○ 都市中不同用途的土地，主要通过各级都市道路划分。都市干线道路、次干线道路、一般道路、小区道路、组团道路、服务性道路等，系统且清晰地将整个都市连为一体。

○ 与实际可见的物质空间一样，都市人文社会也存在着清楚的系统划分，按照行政等级、区域大小、职能内容等标准，都市人群团体也有着明确的等级存在。

步行者露台空间规划

III–4　明确的界线

1. 环状道路或城墙

都市构成要素以及在都市内的生活都需要明确的限定。

○ 在都市与自然的交界处，设置明确的缓冲带，作为都市的最外延地带，界定都市的范围。缓冲带可以是绿化、河流、道路、城墙等多种样式，但宽度、高度、规模等要符合都市尺度。

○ 不同的都市功能分区之间，往往通过都市道路、河流、铁路、山地等加以划分，明确各个地块的边界。

○ 在同一功能用地之内，不同的街区或组团之间，可以通过地形的高低差、不同的建筑形态、景观构筑手法等，强调两者的差异。

○ 不同的社会团体人群，使用的空间场所和时间段及其方法、方式也有所不同，通过仔细地观察，也可以清晰地看到不同团体之间的界限。

○ 环形都市（Circle City），是指空间分布上大致呈环形的城市带，是指导城市周边自然景观保护的空间概念，具有一定的启发性。

环形都市利用该区域的自然要素来组织城市群的空间布置，将城市群集中于环形带中，而将环形的中心（通常是大片绿地）作为自然区域加以保护，从都市的大尺度上处理都市与自然的关系。美国芝加哥市及其西北部城市组成的环形城市群即是一例，其环状中心包括山丘、林地、河流、历史遗迹等内容。荷兰西部兰斯塔德（Randstad）城市群的绿色景观结构也属于这一类型，并被称为"荷兰的绿心"。

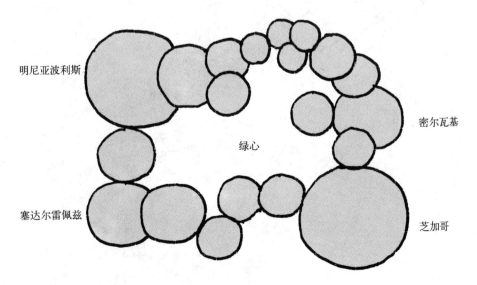

美国芝加哥西北部环形都市示意图［根据赵振斌，包浩生（2001）］

2. 边缘空间的处理

都市功能之间，直接的硬性变化会带来巨大的物理和精神上的冲突，只有通过缓冲带的设置，巧妙处理边缘空间，才可能圆滑地进行功能过渡。

○ 边缘空间的弱化。作为某种特定的功能空间，在预知将与其他不同种类的空间相连接时，往往对自身的空间特点加以弱化，减轻对周边空间的影响力。具体做法可以采用尺度调整、色彩变淡、收边处理等方式。

○ 第三者尺度。边缘空间处理手法中，比较常用的手法是导入第三者尺度空间，其目的是通过尺度上的明显变化，告诉大家空间功能发生了变化。第三者空间的尺度往往介于邻接功能空间尺度之间。

○ 心灵上的暗示。第三者尺度的手法表示大的功能空间发生了变化，而在同一功能空间内不同组成部分之间的边缘空间，常采用心理暗示的方法。通过放置一个不同的物质，如花盆、门帘、旗杆、小雕刻等，或者铺地材料、地面图案、色彩等的变化，再或者采用部分遮挡、高低差的变化等手法，让人们在潜意识中认识到空间内容的变化可能。

○ 边缘空间的处理，让人们可以预先知道或预料到都市功能的变化，更好地了解都市和空间，并促进和谐社会的运营。

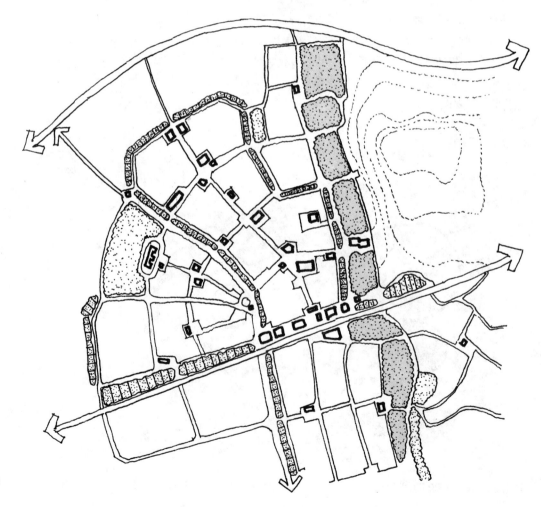

都市大绿化带

3. 明确人与都市、自然的归属（个体所在组团、区域、都市的位置定位）

领域空间。每一个人、每一个团体都有自己的空间，作为独特的领域，不希望轻易被外界所打扰或干涉。

○ 明确的都市构成。从都市运营及管理的层面，明确都市的各种组成部分以及相互之间的关系，形成清晰明快的都市基本构架。

○ 在土地利用分区上，结合各种都市功能对土地的特殊要求，寻找合适的场所空间，并固定该地区的功能形象，让都市市民对该地区有统一的印象，理解其在都市中的区位关系。

○ 交通连接上，要做到大尺度上交通便利，可以准确按时到达，小尺度上划分细致，各级道路的适用对象和使用方式明确，可以适当增加道路的复杂程度，减少外来人员的简单进入和过往交通。

○ 空间定位。设置各级标识性建筑物，从都市中心、地区中心，到街区入口、组团中庭等，通过清晰的空间标识，让人们可以随时明白自己在都市中的空间位置和社会关系级别。

○ 明确的领域界定。通过采用不同的建筑材料、高低差变化、空间的特殊化处理等方法，明确界定不同人群的活动空间范围，确保各种空间的独立性。

街区内的游戏场所

Ⅲ–5　身边小环境的构筑

1. 绿色

充分利用都市中的各种空间，构筑市民身边的绿色小环境，让人们可以随时随地地与大自然相接触，感受到其蓬勃的生机和自由舒展的灵魂。

○ 不要过量栽植。身边的绿色小环境，由于受到空间上的限制，不宜于过多地种植多种植物，我们的目的是让人们可以接触抚摸到美丽的花草、清澈的流水，而不是茂密的不易进入的密林。

○ 绿色小环境，不仅供人们观赏，还要使人们可以进入其中，工作或生活在其中，让它成为人们生活的一部分。

○ 整合步行范围内的水系、绿地，让绿色遍布我们可以走到的地方，保持与大自然的亲近，舒缓人们较为紧张的都市节奏。

○ 市政道路的环境绿化。现代的都市道路两侧的市政绿化，往往是单一的人们不易利用的绿化，应通过尺度的变更、小品的设计、散步道的配置等，将它改造为大家可以利用的舒适的绿色小环境。

重视身边的绿化

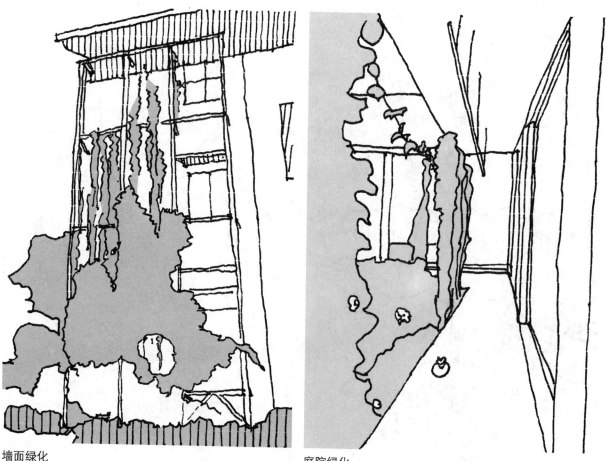

墙面绿化

庭院绿化

　　○ 可以在都市内规划部分农业用地，与都市绿化相结合，形成都市尺度的绿色生态公园。

　　○ 以绿为主题，创造都市的地方特色。

2. 水

　　整备都市内的水系资源。包括河岸空间及周边环境，设置可以供人们休息、停留的场所和设备，并结合周边都市功能配置休闲、娱乐、休息等设施。

　　○ 净化水质。严格处理流入河道的外来水源，定期过滤净化河水、抽查水质，观测河内野生动植物的栖息状况。

　　○ **增加都市功能用地内的裸土面积，让地块可以很好地吸收雨水，控制雨水流失量，减轻河道负荷。**

　　○ 提高用地内的保水功能。具体采用设置雨水渗透井、使用透水性铺装材料、提高绿地率等方法。

　　○ **中水利用。**自然水资源有限，在具体的水环境建设中，要充分利用中水利用系统，如雨水回收过滤后再利用、生活下水净化回收、污水净化处理、雪水过滤再利用等，争取做到多次重复利用。

　　○ 构筑亲水空间。将水环境的建设与绿地环境相结合，创造更多的自然环境空间与都市市民相接触，通过与自然的多层次对话，让人们特别是都市中的孩子们在精神层面上感受、理解自然，体验与自然融为一体的氛围。

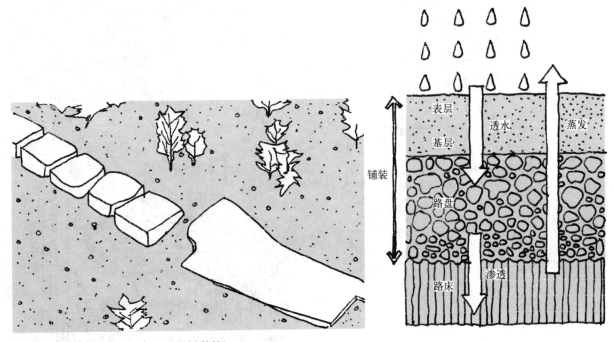

提高用地内的保水功能（雨水渗透铺装等）

3. 生态池

随着城市化现象的加剧，越来越多的人聚集到都市里，与此同时，都市中可供动植物栖息的环境越来越少，都市中的人们也明显减少了与自然接触的机会。为了改变这一状况，恢复都市中人们与自然的亲近，德国首先提出了生态池的构想。

○ 真实的自然环境。

生态池有着一定的指标要求，从动物、植物、微生物等多个方面对其环境加以限定，力求创造出一个真实的自然环境，满足各种生物的栖息条件，成为都市内部以自然为中心的环境空间。

○ 生态池之间的连接。

单一的生态池环境，处于孤立的绝缘状态，对生物环境来说是远远不够的，需要在生态池之间建造可以相互联系的通道，并确保一定的空间尺度，让野生的动物可以往来其间，形成网络式的生态环境系统。

○ 高速道路两侧的生态环境建设。

围绕生态池的集合住宅

对市政绿化宽度加以限定，作为生态回廊进行设计。为防止野生动物横穿道路带来交通事故，沿围墙设置水沟或按一定间隔设置连通隧道。同时结合景观设计布置绿化。

III−6　都市中的居住环境

1. 以住宅来构筑都市

在绝大多数的都市当中，60% 以上的建筑物是作为居住生活之用，也就是我们通常称谓的住宅。一个都市中住宅的整体形象，往往决定了这个都市的形象特点。在新一轮的都市设计过程中，我们提出以住宅来建造都市的观点。

○ 住宅空间也分为公、私两部分功能：对外，是良好的公共空间构筑；对内，是舒适的私密居住环境。

○ 连续的街景形成。

一个独立的住宅可能由于设计师及开发商等个别的因素影响，形成较为独特的建筑，而作为同一个都市的住宅，由于都市管理制度、景观及功能的统一限定、当地的地质及气候条件、文化背景等原因，其空间形态等必将呈现某种程度的一致，众多的住宅单体，共同形成连续的都市景观。

○ 舒适的居住环境。

舒适的居住环境包括周边都市功能设施完备、交通便捷、社区服务设施健全，住区内构架明确、等级清晰、景观优雅、与周边环境融为一体，居民对此有良好的归属感和自豪感。

○ 环保技术的应用。包括设置生态池、雨水回收等中水利用系统、节能住宅的导入、废热再利用等内容。

河内还剑湖区某居住区平面示意图

2. 建筑单体的具体节能技术

○ 屋顶绿化及墙面绿化。

○ 集中设置停车场，并进行停车场绿化。

○ 生活垃圾肥料化处理。

○ 设置可以蓄热的温室。住宅内的通风也通过该温室，以减少换气造成的热损失。

○ 减少挥发性、放射性建筑材料的使用。

○ 采用黏土等墙体材料，调整住宅室内温度。

○ 提高墙体和屋顶的隔热性能。

○ 减少东、西、北面的开窗，适当增加东南、西南面的开窗。

○ 集中布置住宅内部的公共空间，减少走廊面积。

○ 生态环保公厕的建造。

○ 垃圾分类处理，减少垃圾排放。

○ 减少可以开闭的窗户数量，集中通风换气部位。

○ 收集雨水并储存，用作卫生间坐便器用水。

日本环境共生住宅的设计方针和具体措施

方针	具体措施	方针	具体措施	方针	具体措施
能源的消费消减和有效利用	通过建筑、居室的适当布局以及内外缓冲区域等降低热负荷	资源的有效利用	有效利用水资源	住宅内外的舒适性	提高外部空间的舒适性
	有效利用建筑布局、户型平面布置等，取得良好的通风、采光效果		有效利用雨水		提高内部空间的舒适性
	提高建筑物的隔热、封闭等性能，减轻冷暖空调的负荷		提高建筑物的耐久性		防止结霜、发霉、生虫
	根据季节调整建筑物的日照，减轻冷暖空调的负荷		贯彻结构、施工方法的合理化	住宅的安全、健康性	防止室内空气污染
	采用高效的节能设备		森林资源的保护和有效利用		使用安全的建材、部品等
	采用热电联供系统		资源、建材的回收再利用		注重老年人、残疾人的安全性
自然能源、未利用能源的活用	被动式活用太阳能		采用环境负荷小的建筑材料		采用辐射冷暖空调系统
	主动式利用太阳能	废弃物的消减	消减、再利用建设废材	丰富的集合居住性能的形成	优美和谐的设计
	利用风力发电、提供动力等		减少生活垃圾		创造舒适的公用设施的魅力
	活用未利用能源	臭氧层的保护	避免使用特定的氟利昂		支持各类居民的集合居住

3. 社区的意识

强调社区的凝聚力，增加社区人们交流熟识的机会，促进社区内相互帮助的氛围。

○ 制定居住区内的社区体系。

○ **将居住区的社区等级、管理方式、联络情况、地图等制成宣传册，让每一个居民明确自己在居住区的位置。**

○ 定期举行不同级别的社区会议。

○ 明确每一个人在社区内的职责。

○ **将街区内的组团单元进行细小划分。**

○ **明确每一级社区的空间界限。**

○ 针对不同的社区等级，规划设计不同特点的机动车道路和步行空间，尽可能地减少过往交通量。

○ 通过不同的植被、铺地材料、空间视线的变化等方式，对细小空间功能的变化加以体现。

○ 规划设计时，将组团设计为不便轻易进入的空间形态，强化其空间领域感。

○ 突出各种社交团体的个性特点，强化其活动空间的场所性和时间性。

○ 对外来人员有一定的识别，减少社区内外来犯罪的可能性。

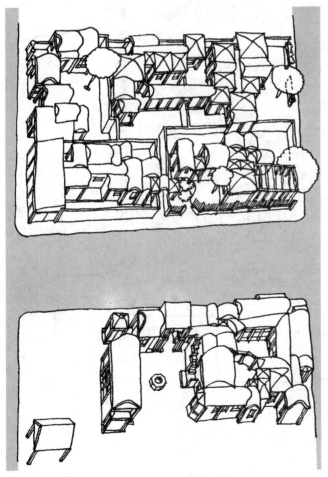

C·亚历山大设计的墨西哥住宅群［根据ランドルフ·T·ヘスター，土肥真人（1997）］

4. 愉快的社交

可通过以下各种空间处理手法及设施，创造居住区内愉快的社交氛围。

○ 高 1m 左右的可以眺望街景的平台。

○ 半开放的可以自由进出并与友人交谈的大众茶馆。

○ 可以从外面直接观看到、并能够进去体验和学习的手工业作坊。

○ 充满阳光、宽窄不一、有小猫在休息的步行小径。

○ 步行道路旁多出来的 3 米见方[①]的空地，供路上偶然相逢的熟人交谈，最好有木椅或石凳可以坐下休息。

○ 开放的艺术画廊供大家停留欣赏。

○ 设有饮水台、公厕、长椅等设施的舒适小巧的街角公园。

○ 设有水池、沙坑、秋千等设施的儿童游戏场所。

○ 小型社区活动中心，内部设儿童室。

○ 社区内可以留言的回览板。

○ 古井、凉棚、大树荫等，简易并可以勾起记忆的场所设施。

愉快的社交空间

---

① 3 米见方是指以 3 m 为边长的正方形，即 9m² 面积的空地。

III –7　环境意识的强化

1. 太阳能板等环保设备的设置

○ 在广域范围内，通过合理布置城市、道路、农业资源等，减少不必要的人流、物流、信息流及相应的能源损失。

○ 建造紧凑型都市，尽可能做到功能和资源的自我循环。

○ **导入都市环保系统。主要包括节约能源、提高资源利用率、降低环境负荷和能源消耗、促进资源的再利用等内容。**

○ 结合用地的地质、气候等条件，挖掘用地潜力，发挥规划用地特色，寻求最佳模式进行规划开发设计。

○ 雨水回收设备和透水性铺地材料的使用。

○ 结合生态池的净化功能，开发低成本的中水道系统。

○ 在气候特征显著的地方，采用集中的供暖制冷设施，减少建设成本和能源损耗。

○ 设置太阳能板、风车等利用自然资源的环保设备。

太阳能的利用

○ 在都市内布置绿地、水系等环境空间，并结合都市构造连成网络，形成等级明确的生态网络系统。

○ 都市内各种废热的再利用。

○ 水质净化及水边设施整备。

2. 身边的环境教育

○ 社区内设置公告，给居民介绍住区的地质、水文、植被状况等，让人们了解并爱护自己居住生活的环境。

○ 在组团内的公共开放空间，构筑舒适的自然环境和儿童游戏场所，让孩子们从小就可以了解和亲近大自然。

○ 通过生态池净化生活污水，并作为卫生间坐便器用水再利用，同时将整个过程和原理做成示意图及文字说明告知大家。

○ 在地区内设置原生态公园，布置可以观察野生鸟类和昆虫等动物栖息状况的场所，让人们更多地了解自然，保护大自然，原生态公园本身也成为室外环境教育的大教室。

○ 通过太阳能板产生的电能，作为居住区内的回览板、导游图等处的照明用电，并将其流程加以说明。

○ 明确生活垃圾分类，定期定时放置到指定场所。

○ 对纸张、玻璃瓶等可回收物品统一保存及回收。

○ 教育培养市民良好的卫生习惯，不随地吐痰、乱扔垃圾等。同时对基本环保知识进行教育，了解温室现象、臭氧层、废热发电、中水系统等概念。

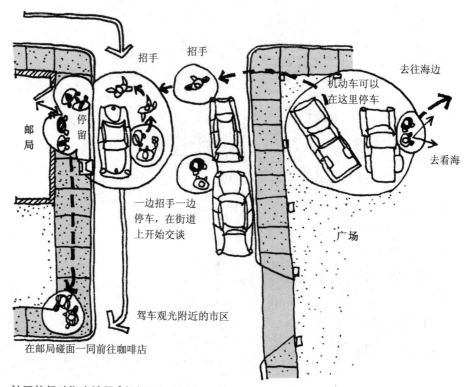

社区的行动指南地图 [根据ランドルフ · T · ヘスター，土肥真人 (1997)]

3. 与动植物生存在一个空间的意识

　　都市是一个可以呼吸的、拥有生命活力的有机体。以都市的地质、气候等自然条件为思考前提，将风、水、绿化等自然要素与都市融为一体，形成良性循环，建造能够促进都市自主运营、并与环境共生的生态体系和都市基本构架。

　　○ 人类与其他的动植物生活在一个空间里，确保生物的多样化、生物链的良性运转，是人类健康、舒适地生存下去的前提条件。

　　○ 都市自然环境可以大致分为，有着山丘和大片水面的"大自然"，公园、绿道和集中绿地组成的"中自然"、街区组团生态池的"小自然"三个等级，都市自然环境的构筑需要针对不同的环境等级进行精心的规划设计。

　　○ 充分利用都市内的地形、小气候环境，与都市外的水系、树林、大海、高山等外界环境，构筑高效合理的都市风道，缓解都市中心的热岛现象，保证都市内部新鲜的清凉空气。

　　○ 设置各种级别的都市绿道。

　　○ 生态池、都市中央公园等原生态环境的建设。

　　○ 明确划分都市内的绿地等级，并将其有机地连成一体，形成绿化网络体系。

　　○ 丰富都市街道的植被种类，沿街种植各种花卉、灌木，让都市街道本身成为都市的植物园。

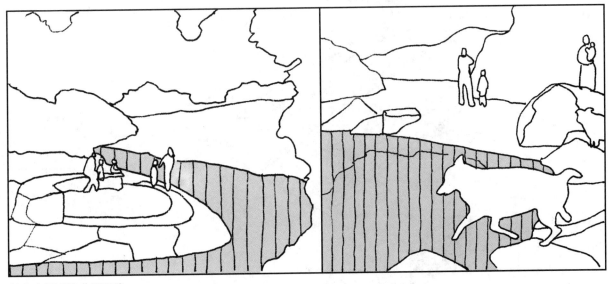

都市中舒适的自然环境

4. 与其他人共生共存

○ 都市功能的布置，是由相互关联相互影响的网络体系共同决定的，不存在一个建筑物内可以解决各种都市功能的现象，都市的建设需要大家共同的努力。

○ 都市空间作为都市统一整体的一部分，相互之间需要空间上的统一处理。包括空间上的隔离、连接、过渡等，需要按照都市整体构架及网络系统综合进行考虑，避免因为一些突兀的个别形态而破坏了都市整体空间氛围。

○ 景观上的考虑：不设置或减少屋顶广告、混凝土砌块围墙限高、用地与周边道路环境的高低差不能大于 1 m、制定建筑表面的开孔率等，形成统一的都市景观设计原则并制定都市规划导则。

○ 从节约资源角度：建筑物主体尽量采用木材、黏土等自然材料，导入都市节能低消耗控制系统，节约都市各种资源，让更多的人可以利用。

日本独立式住宅与周边都市空间的限制关系［根据萩岛哲（1999）］

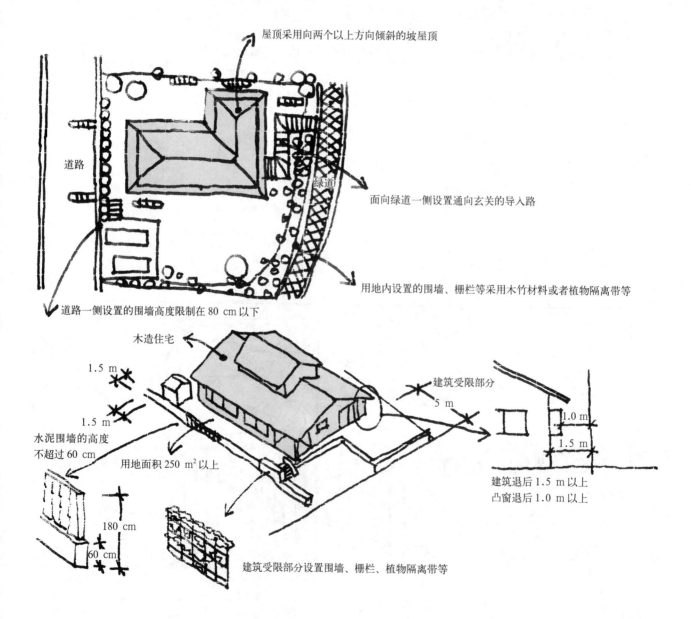

屋顶采用向两个以上方向倾斜的坡屋顶

道路

绿道

面向绿道一侧设置通向玄关的导入路

用地内设置的围墙、栅栏等采用木竹材料或者植物隔离带等

道路一侧设置的围墙高度限制在 80 cm 以下

木造住宅

1.5 m

1.5 m

建筑受限部分

5 m

水泥围墙的高度不超过 60 cm

用地面积 250 m² 以上

180 cm

60 cm

建筑受限部分设置围墙、栅栏、植物隔离带等

1.0 m

1.5 m

建筑退后 1.5 m 以上
凸窗退后 1.0 m 以上

○ 从利用的角度：珍惜都市的每一个环节，保护、维持良好的都市环境，尽可能地给他人创造更多的机会，让都市市民及外来人员都可以愉快舒适地利用都市设施。

5. 各类垃圾分类处理

成熟的垃圾分类收集系统是达到较高垃圾回收利用率的先决条件。

○ 都市垃圾，主要分为都市生活垃圾、工业垃圾、商业办公垃圾、建筑垃圾以及其他垃圾等，前四类垃圾占据了都市垃圾的90%以上。

○ 都市生活垃圾，占都市垃圾总量的一半以上，其总体上分为三大类：

第一类是有机垃圾，主要指厨房产生的果皮、坏菜叶等含水率较高的食物性垃圾，可以回收，作为肥料处理或回归自然；

第二类是有害垃圾，指会对人体健康或环境造成危害的重金属或有毒物质废弃物，这类垃圾包括废电池、废荧光管、废旧家电、过期药品等，可以由各行业负责回收，进行部分再利用；

第三类是资源垃圾，主要指废纸张、废塑料、废旧家具、废金属、废玻璃等，可用于直接回收利用或再生后循环使用。

○ 通过对垃圾进行分类处理，可以让资源得到最大限度的利用，这需要对全民进行细致耐心地讲解，了解其重大的环保意义，强化环境保护意识，并让每一个居民从我做起，从身边做起。

垃圾的分类

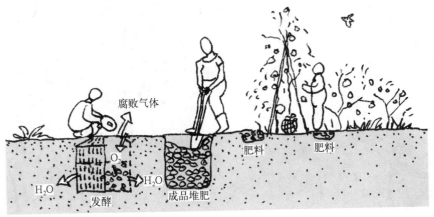

生活垃圾的堆肥处理

IV——原则3 舒适的都市及其设计手法

IV-1 概要

在满足功能和资源的前提下，我们从利用的角度来考察都市，寻求舒适都市的模式及其设计手法。

■ **充实的公共空间**

通过广场、公建、道路三个具体例子，讲述公共空间的设计手法。

■ **丰富的设施内容**

包括居住（集合住宅、独立式住宅等）、商业（商店、宾馆、洗浴、办公、市场、金融等）、产业（工业、农业、电子产业、纺织业等）、政府设施（政府部门、教育设施、医疗设施、福利设施等）、休闲设施（文化设施、体育设施等）等。

■ **重视步行空间**

对步行道路进行再认识，理解都市道路的物理形象，并作为"室外大房子"进行建造。

■ **建筑单体的性能**

提高住宅、公建等单体性能，完善基础设施，让使用更加舒适便利。

■ **象征都市空间的形成**

象征空间作为紧凑都市的核心，让人们心理上有所归属。

■ **历史景观文化的保存**

通过保存历史文化遗产，让都市的文化得以继承，居民拥有文化自豪感。

充实自由的公共开放空间

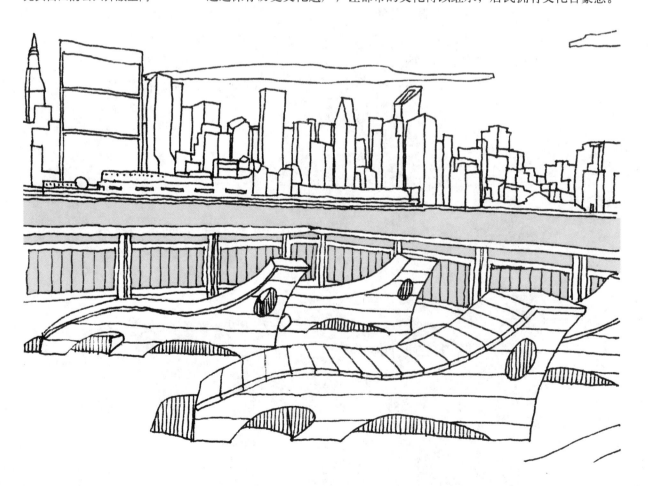

IV–2　充实的公共空间

　　充实的都市公共空间，是评价都市舒适程度的重要指标。

　　都市内的公共空间，主要是指非建筑用地空间，具体包括交通用地以及公园、绿地、广场等的公共空地，还有政府部门的设施用地，对外开放的自然空间、公众空间、共用空间等。

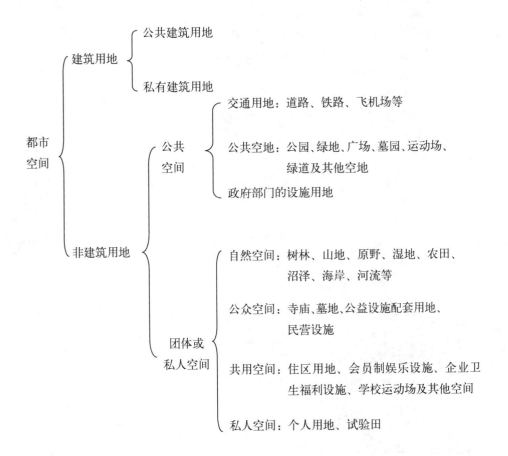

1. 广场

广场（或节点空间）作为一种开放公共空间，为人们活动、聚会等提供大尺度空间，是都市设计中非常重要的空间利用形式。

○ 广场的分类。广场按照不同的功能要求。可以分为都市尺度的都市中心广场，各种商业、办公等特定区域功能的据点广场，活化街区氛围的街角广场，社区内部的居民活动交流广场等。

○ 广场的存在，为都市人们提供了一个人文的空间。如同大房子内的一个公共空地，可以举办各种活动，也可以作为人流汇聚的场所，如站前广场、街角广场等，让都市市民有了交流的场所，构筑都市自由民主的和谐环境。

○ 广场的尺寸不宜过大，一般控制在 30 m 见方内；

○ 要离人近、方便使用，有人气；

○ 减少或回避机动车的通过；

○ 恰到好处的围合，柔和的人文环境；

○ 有长椅、巨大树荫、回廊、喷水池等可以停留、交流的设施；

○ 单纯的空间处理；

○ 明快的印象，不要过于纷乱杂然。

都市中心广场空间

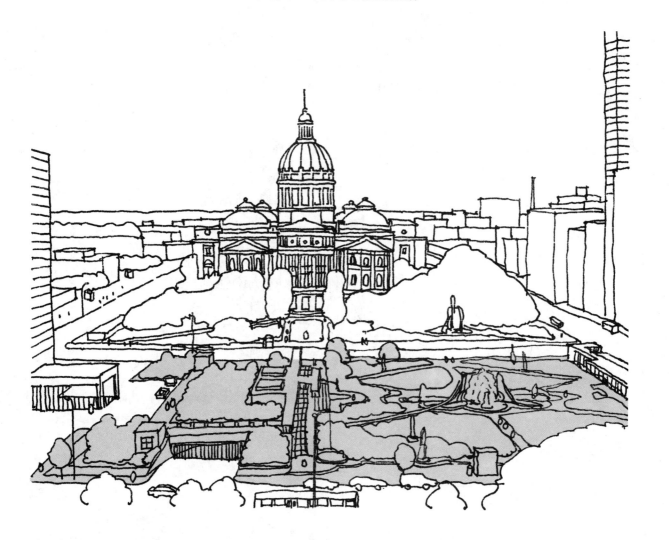

2. 公建

公建实际上也是公共空间，可以说它是某种程度上的封闭公共空间。公建如果没有屋顶，就成了广场，或者说是多个广场的整合。

○ 公建的布置，是一种公共空间的布置。它的位置应当方便市民利用，处于都市街道网络的枢纽节点。

○ 公建作为都市的脸面，体现了都市内在的精神面貌，其建筑造型和空间处理反映了该城市的文化理念。

○ 设置在都市交通便利的地方。

○ 在交通规划设计上，尽量做到人车分流，合理组织各种交通动线，提高公共交通的便利性，减少私家机动车利用的必要性，重视步行空间，设置舒适的散步道，形成安心安全的空间环境。

○ 确保相应的硬件设施，包括无障碍交通设计、人车分流、宽敞便利的停车场、醒目的入口空间、人工问讯处、盲道线及盲文指示等。

○ 采用都市设施的大尺度空间与具体利用者的人文尺度空间相结合的手法。

○ 净化公建自身的功能，减少都市功能大而全的设计模式，对内部功能空间加以详细划分，明确各部分的职责和空间界限。

公建形象

3. 道路

都市中的道路按照其功能和使用对象的不同，基本上分为以下几种级别：

○ 广域干线道路——连接都市或地区的主要交通道路，限制非机动车和人的进出，没有红绿灯，可以保持较高的移动速度，进出口的间隔较远，完全分离的单方向通行。

○ 都市快速道路——都市内部的交通干线快速道路，一般与其他市政道路呈立体交叉，保持 60 km/h 以上的通行速度，限制非机动车和人的进出，没有红绿灯，完全分离的单方向通行。

○ 都市干线道路——分为主要交通干线道路、干线道路、次干线道路。作为都市内的主要交通道路，明确都市基本构架，划分都市内各个地区或功能空间的界限和外围轮廓等，保障不同都市功能之间的顺畅连接。

○ 一般市政道路——都市干线道路的下级道路，细化地区内部各种分区和职能，满足都市人们的各种生活居住要求。

○ 社区内道路、步行道及自行车道——人们日常生活的主要道路。

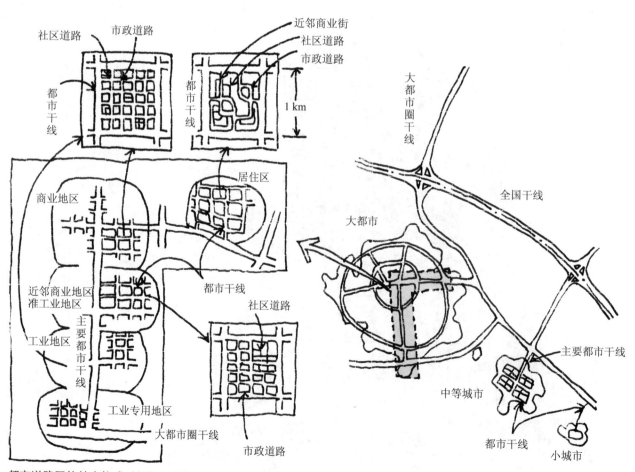

都市道路网的基本构成 [根据加藤晃（1993）]

作为都市道路的功能，主要包括以下几方面：

○ 人流、物流的移动交通空间。

○ 作为开放空间，成为都市市民集会交流游戏的场所。

○ **给排水、电气、煤气、通信等的都市管道空间。**

○ **地震火灾时的避难通道空间。**

○ **抑制各种灾难蔓延的功能空间。**

○ 保全都市环境，创造良好的都市景观。

○ 形成都市骨架，确定各个街区的位置、大小及形状等。

○ 沿街布置各种设施，如商业、文化、休闲等设施，形成不同主体的街

道氛围。

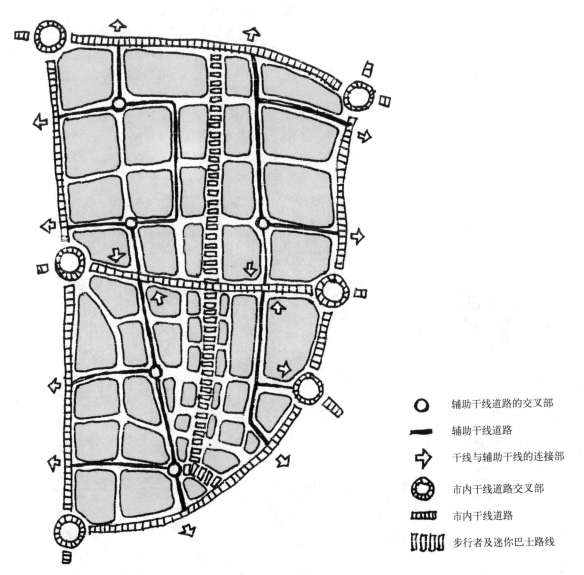

○	辅助干线道路的交叉部
—	辅助干线道路
⇨	干线与辅助干线的连接部
◎	市内干线道路交叉部
▥	市内干线道路
▥▥	步行者及迷你巴士路线

日本长野市车站北地区的交通规划［根据加藤晃（1993）］

IV-3　丰富的设施内容

1. 居住

○ 居住建筑物的位置选择条件：与工厂、铁路及交通干线道路相隔离，不受都市噪音、振动、大气污染等公害影响；远离悬崖、陡坡、湿地等处，减少自然地质灾害；周边设施成熟，有邮局、日常百货、美容理发、银行等生活设施；交通便利，有与其他都市功能地区顺畅连通的交通设施机构。

○ 自身居住功能可以循环：通过管道与都市煤气、给排水等相连，内部有完善的日常生活服务功能设施，设有杂货店、小的餐饮店、蔬菜店、便利店等。

○ 社区环境良好：土地形状规整，利用舒适，有居住区、小区、组团、单元构成的等级明确的社区系统和相应的管理体制。消除空间视线的死角，降低犯罪率，居住区内的居民相互帮助，形成安心安全的社区氛围。

○ 丰富的空间形式：明确公共开放空间、半公共空间、组团中庭空间、隐私空间的划分，社区内空间界线清楚。居住建筑形态丰富，有独立式住宅、联排独立式住宅、低层集合住宅、多层集合住宅、高层集合住宅、高龄者住宅等多种样式。

○ 舒适的景观：通过种植丰富的植被、注重人文尺度、在空间节点处设置建筑小品等视觉焦点、建筑空间体量上相互呼应、重视步行空间设计、利用树木遮挡停车场视线等方法，创造居住区内舒适的景观环境。

社区组团内的休息、交流空间

2. 商业

○ 商业的等级划分：商业按照其覆盖及影响范围的大小，分为广域商业中心、都市中心商业、交通枢纽商业、地区商业、社区商业、零散小商业等不同等级。

○ 商业的选址：由于商业活动自身的要求，除以日常生活用品为中心的社区商业及零散小商业外，都要求布置在都市的中心、中心周边地带以及其他交通便利的交通节点处。

○ 商业内容：商业按照其业态形式，包括各种内容，有大中小型商店，宾馆，洗浴、美容美发、洗衣、餐饮等日常服务设施，办公，各种市场，银行、证券等金融设施，游戏厅、网吧等游乐设施，等等，涵盖了除居住、产业、政府办公设施及文化体育休闲设施之外的其他各种都市功能设施。

○ 商业布局：商业的分布，由于其级别和内容的不同而呈现不同的表现。**广域商业中心**一般体现为点式，大规模、大尺度、很强的人流及物流集散能力，位于广域干线道路的出入口附近，有很大的停车场和仓储空间。**都市中心商业**以点为中心，呈放射状分布，体现都市整体的精神面貌，空间尺度大，良好的动线组织和有魅力的建筑内外空间设计是成功的重要因素。**交通枢纽商业**往往

地区商业设施

与交通路线相结合，呈线形分布，作为都市内清晰可见的商业轴与都市骨架融为一体。**地区商业和社区商业**常采用格子状或面式分布，确保地区内的各个空间可被均质地利用。同时，由于商业业态的差异，如批发、直销、零售等不同业态，也导致商业布局的不同模式相互间的组合变异，其最终反馈到空间设计上，则形成了多种多样的丰富空间布局形态。

3. 产业

○ 产业设施自身的选址要求：交通便利；有提供原材料的能力；有实验室、研究所、大学等的技术力量保证；部分产业需要产品销售市场的保证，如蔬菜、肉食等产业；各种都市功能供给设施的确保，如给排水、电力、煤气等；结合企业的规模、劳动密集程度的要求等，能够保证产业所需人员。

○ 产业选址与都市的关系：在都市设计过程中，对产业尤其是工业产业的选址考虑，最为重要的是构筑良好的都市环境，减少产业公害的影响。从都市功能整体框架入手，划分明确的大型产业用地，并在成熟都市街区之间设置绿化、河流等各种形式的缓冲空间。对都市内原有的产业用地，结合产业内容和对周边环境的影响程度，进行整理整合规划，力求净化土地用途，减少对都市环境的破坏，同时通过搬迁、合并等方式，对原有产业用地进行再开发建设，提高都市土地内在潜力。

○ 产业内容：主要包括工业、农业、电子产业、纺织业等以制造、加工为主的产业，包含部分服务业。

○ 产业与都市特色：产业特色在相当的程度上反映了都市的特色，体现了当地的风土及人文状况。有活力的环保产业建设，可保证都市健康、稳定、持续地发展。

都市产业设施

4.政府设施

○ 政府设施所包含的内容：

• 各级政府部门设施——包括国家、省、市、县各级人民政府及其相应的所属部门设施。

• 交通设施——包括道路、铁路、河道等运输空间，以及车站、停车场、码头、机场等相应的设施。

• 公共开放空间——包括公园、绿地、广场等公共空间。

• 都市供给设施——包括给排水、煤气、电力、通信等都市供给管道，以及垃圾处理厂、污水处理站、热电厂、发电站等相关供给设施或处理设施。

• 国家管理资源设施——包括一般的河流、大海、山丘等自然资源，以及相应的管理设施。

• 教育设施——包括幼儿园、中小学、高等教育设施、图书馆、研究所等。

• 医疗设施——包括医院、保育园、保健所等设施。

• 福利设施——包括老人院、介护中心、各级活动中心等设施。

• 通信设施——包括发射塔、中转基地、接收站、广播电视中心等设施。

○ 政府设施的布置分布在都市的各个街区，按照部门及不同等级进行明确的分区，确保各级设施满足都市市民的生活、工作、学习等多方面需求。

○ 丰富的政府设施，确保了都市市民的各项要求和利益的实现，反映了都市成熟和完善的程度，是舒适都市的重要评价指标。

政府设施

5. 休闲设施

休闲设施是都市社会在人们基本生活得到保障之后出现的功能空间，它可以提高市民的修养素质，保证大家健康的体质，在日常生活空间里得到精神上的欢愉和满足，是人类社会发展到高级阶段不可缺少的产物。

○ 文化设施：具体包括音乐厅、歌剧院、画廊、各种文化教室等，以及与文化产业相关的设施，如3D动画工厂、文化制作中心等。其目的是提高都市市民的文化修养，丰富都市生活，让人们在满足衣、食、住、行等基本的生活物质需求外，在精神领域同样可以得到更高水平上的满足。

○ 体育设施：具体包括大型体育场、体育馆、比赛场地等，也可能包括指定的天空或山地湖泊等，还包括健身中心、游泳馆、运动公园等都市级别的运动设施，以及社区体育活动中心、小区内健身设施设备、各种体育教室等日常生活空间中的体育设施。通过丰富大量的体育运动设施，让人们对体育锻炼有一个明确认识，强化体育运动的重要性，保持强健的体魄和精力，可以更好地投入到工作和生活中去。

○ 娱乐设施：具体包括大型的游乐场、动物园、水族馆等，以及KTV、电影院、录像厅、电子游戏机房、台球房等日常娱乐设施。

休闲设施

IV-4　重视步行空间

1. 步行道路的再认识

都市内存在着各种形式的步行道路,形成了一个巨大的步行空间网络体系,出现在都市的每一个地方。步行道路除了作为人们的交通空间之外,也是人与人交流交往的空间,供大家停留、交谈、休息,同时也起着一般道路的物流功能和防灾疏散功能。

为了保证步行道路的安全性,在与车行道路相交的地方,尤其要注意对车行转弯的限定和红绿灯的时间长短这两个问题,以确保安心、安全的步行道路空间。

○ 步行道路设计要点:

· 不易过宽,一般为 2 ~ 3 m,可以保证两辆轮椅车错行。

· **控制并降低相邻一般车行道路上的机动车的流量与速度。**

· 道路及周边用地之间的边缘空间较为安定,适于人们停留休息。

· 修整步行道路的物理形态和绿化景观设计,以形成舒适的、人来人往的公共空间为主题。

· 沿步行道路设柱廊式连廊。

· 在步行道路的内部空间与外部公共空间形成相互展示的空间氛围。

· 结合绿化植被,设置小广场、凉亭等可以逗留、休息、交流的空间。

· **每间隔 30 ~ 50 m 左右,设置弯曲、转折、对景、焦点等步行空间变化设施。**

· 时间孕育优良空间,定期检查和调整步行道路设计。

舒适的步行道路设计可以加强人们对周边环境的认可和归属感

○ 人车分离的模式：**确定步行者优先的设计方针，通过步行道路和机动车道路的分离设置，保证步行者与机动车的隔离，重视步行空间。**

人车分离的街道设计有着多种多样的类型，大致可以分为以下几种：

• 平面分离。在总体规划设计上，分别设置步行者道路系统和机动车道路系统，让彼此不发生重合，并尽量减少步行者和机动车的交叉节点。

• 立体分离。通过二层空间架空，布置独立的步行者道路，与底层机动车动线进行立体上的分离，确保安全舒适的步行空间。

• 时间带分离。步行者和机动车共同使用一个街道，将街道的使用按照不同的时间带加以划分，确保不同时间段的适用对象不同。

• 抑制机动车的使用。通过减速带、变化的铺地材料、曲折的道路线形以及设置绿化植被、禁止外来机动车进入等方法，抑制机动车的使用。

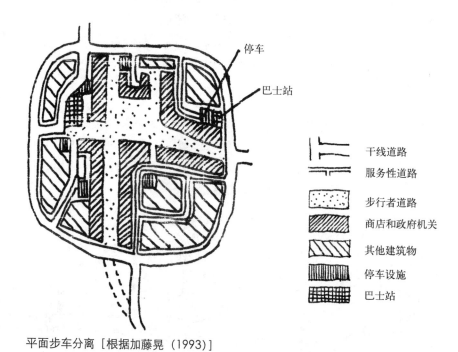

停车

巴士站

	干线道路
	服务性道路
	步行者道路
	商店和政府机关
	其他建筑物
	停车设施
	巴士站

平面步车分离 [根据加藤晃 (1993)]

社区道路平面图 [根据加藤晃 (1993)]

2. 道路的物理形象

○ 道路与周边环境的协调方法：

• 通过对道路平面的分析，确定机动车道、绿化带、步行道、建筑物后退距离等尺寸。

• **通过剖面设计，明确机动车道、步行道、绿化、建筑物等的空间构成和高度上的变化。**

• 选择符合街道宽度的街道树。

• **对两侧的建筑物进行统一的规划，限定建筑物的高度、后退距离、建筑材料、色彩等，形成协调统一的建筑空间。**

• 对指示牌、店铺看板的尺寸、色彩等加以规定，统一街道景观。

• 减少或限制广告板、电线杆等不利景观要素。

• **对各种道路构成要素进行分类整理，制定道路景观导则。**

• 对道路的铺装及材料等加以分析，选择符合该道路自身功能的形式。

• 道路排水口的设置，要结合周边排水系统进行统一考虑。

• 结合周边都市功能和建筑物的景观设计原则，明确该街道的都市氛围和形象，并从中提炼出若干建筑符号或要素，在街道上加以反复出现，强化属于该街道的都市文化氛围。

• 尽可能多地设置通向街道的出入口。

• **沿街道设置可供人们停留交谈的空间场所。**

• 设置街角广场。

市政道路空间的一般形象

3. "室外大房子"的建造

室外空间是一个相互连通的大空间。如同一个室外的大房子，将一个个独立的建筑物通过房门串联起来。又如同一个大家庭的起居室，通过这个巨大的物理空间展现都市人们在公共开放空间的活动。

"室外大房子"的设计要点：

○ 布置有个性的店铺，创造都市街道的亮点。

○ 在每一个街区设置小的画廊，提高市民的文化修养。

○ **保存几幢体现该地区历史文化的老房子和老店铺，可供大家自由地进入，并设置可以交谈、休息的场所和设备。**

○ 设置宽度约3 m的宽敞步行道，配以高大的街道列树。

○ 高雅亲切的家庭商业，一层是咖啡厅、儿童室、文化教室等商业，二层是居住用空间。

○ **可以曲径通幽的绵细步行道路网络。**

○ 有名的餐厅或服装店，并配以舒适的绿化景观，形成有人气的典雅环境。

○ 设置机动车不能进入的步行道路，采用良好的绿化和舒适的人文尺度设计，采用亲切的自然材料铺地，提供人们逗留休息的空地或宽敞空间。

○ **面向街道开放的店铺，让市民可以自由进入，展示修理眼镜、制作面包、裁剪衣服等各种技能。**

○ 明确对外来机动车的限制，减少过往交通量。

○ 保留百年以上古树或历史建筑物，使人们感受到地区的悠久历史。

○ 结合道路交叉口，设置街角广场，并布置长椅、凉亭、石阶等可以供大家休息的设施。尺度不宜过大，10 ~ 15 m² 即可。同时，还有儿童游戏设施及良好的绿化。

○ 儿童游戏场所一般设置在社区内部中庭、步行道路空间、街角广场等处，也可结合停车场不同使用时间段的规定，与来客用停车场空间并用。要保持视线的通畅，布置适宜的游乐设备，并同时考虑到监护者之间的交流空间。

○ 布置喷水、流水、水幕等，活化步行空间氛围，让环境充满活力，流动起来。

有生活感的住宅

有个性的店铺

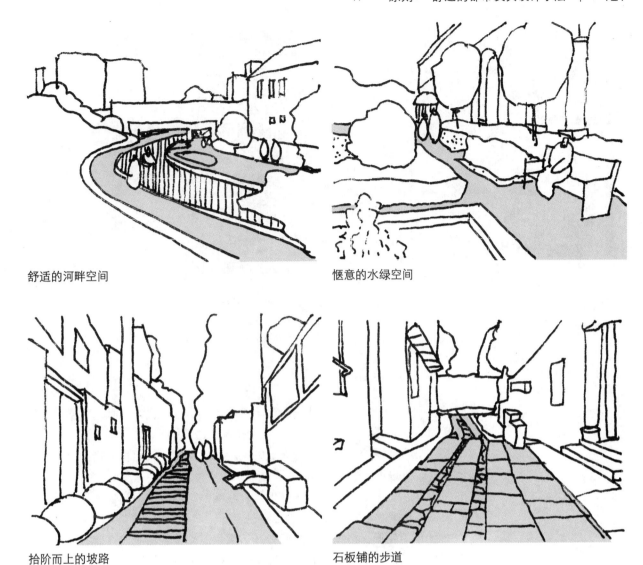

舒适的河畔空间

惬意的水绿空间

拾阶而上的坡路

石板铺的步道

　　○ 景观设计上，要结合周边环境一同考虑，制定该地区的都市景观导则，明确各个都市构成要素的尺度、位置、材料、颜色等具体要求。

　　○ 注重建筑风格的统一，要有明确的建筑体量和建筑符号。相邻空间在建筑设计上要相互呼应和避让。

IV-5　建筑单体的性能

1. 住宅

　　住宅本身性能的好坏，直接影响到居民的居住质量，是都市市民对都市生活是否感到舒适的前提条件。评价住宅性能包含以下的内容：

　　○ 住宅独立性。有明确的用地范围或住宅边界，包括对住宅入口、中庭等公用空间的限定。

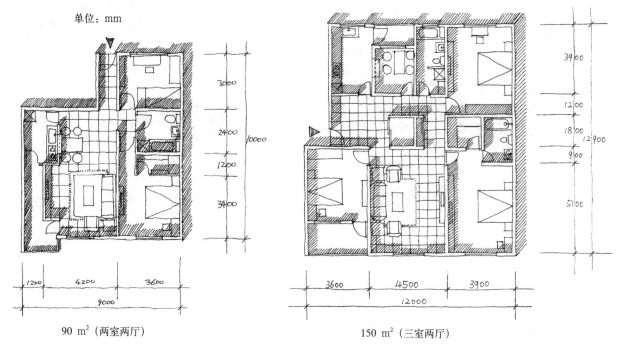

单位：mm

90 m² （两室两厅）　　　　　　150 m² （三室两厅）

注重公共空间与隐私空间的分离以及室内回游动线的户型平面

○ 居住功能完备性。每一套住宅都具备起居、就寝、洗漱、餐饮等居住生活的功能空间，以及相应的煤气、给排水、通风换气、电力等管道设施。

○ 物品收藏空间。保证有充足的室内收藏空间，其面积一般约为整个住宅套内面积的九分之一左右。

○ 厨房。安装有生活垃圾处理器、洗碗消毒器、新型油烟机等先进的厨房设备，并保证有足够的空间进行料理。

○ 浴卫空间。浴室、卫生间分开，采用三面镜、抽屉式存储等设计，充分利用空间，并设置独立的洗衣机空间，如有可能，保持与厨房之间的视线连接。

○ 房间布局。合理布置入口、卧室、客厅、餐厅、浴卫等空间，方便居住生活的使用，并结合居住人口等具体情况，确保必需的宽敞空间。

○ 停车场。尽可能距离住宅较近，地面停车场尽量处于室内视线可达的地方。

○ 住宅设备。确保24小时通风换气设施，以及空调、热水、地暖、其他电力设备。提高建筑物的构筑技术，节约能源，确保良好的声、光、热、湿度等物理功能要求。

2. 公建单体

公共建筑是市民在都市生活工作过程中最为频繁接触的设施，也是都市成熟程度的标志，舒适方便的公共建筑能够保障人们的各项都市活动顺利进行。评价公建单体的性能，主要从以下几个方面：

○ 利用的便利度。以人为本，通过市民的利用情况来评价公建设施水平。

公建单体形象

　　○ 明确的指示牌及导游服务。在出入口、广场、电梯、扶梯、楼梯、功能空间分界处等空间节点，设置明确的导游指示设备或人工导游，让人们清楚自己在建筑物中的具体位置和行动目标所在地。

　　○ 舒适的步行空间设计。尤其是无障碍设计，要综合布置坡道、电梯、扶梯等，设置盲导铺地和盲文表示，满足高龄者及其他弱势群体的空间利用需求。

　　○ 功能布局。合理布置入口、公共空间、内部人员空间、设备用房等，明确各功能空间的分区和界限，方便都市市民的使用，并结合各种功能用途的具体情况，确保必需的宽敞空间。

　　○ 停车场。尽可能减少步行距离，不与步行动线交叉。

　　○ 良好的通风、排水、空调等设备保障。

　　○ 确保防水、隔音、隔热等建筑性能。提高建筑技术，节约能源，保证声、光、热、湿度等物理功能要求，同时在采用低能耗新技术方面起到表率的作用。

　　○ 良好舒适的绿化景观设计。

　　○ 体现都市风貌的建筑空间造型。

3. 基础设施完善

　　都市的基础设施是都市一切活动的动脉，它源源不断地为都市提供各种供给，保障了都市的运营及管理，也保障了都市活动的正常运行。

　　○ 都市供给的规划设计，要根据都市的未来人口及产业活动变化、生活水准的提高带来的用水、用电量增加以及污水处理、垃圾处理等具体技术等来统一进行。

○ 基础设施的位置选择，在满足服务半径和供给量等都市客观指标的同时，也要充分考虑到市民的感受和意见，不能硬性布置。

○ 基础设施的建设要注意以下几项内容：

• 通过设置都市管道共同沟、CAB（道路下 U 型构筑物）等手法，提高设施的利用效率。

• 充分利用都市公园及运动设施等大型设施的地下空间，减小对环境的负面影响。

• 管道尽可能采用地下埋设，减少电线杆、电线等地上部品，美化都市街道景观。

• 提高都市内的供给设施的普及率，尤其是较为落后的排水系统。

• 促进集中制冷供暖系统的建设（采用废热利用、复合能源等新技术）。

• 改进垃圾处理系统，提高各个环节效率（家庭及企事业单位对垃圾进行分类处理，节约人工和资源，同时采用生活垃圾肥料化自动处理、气压式垃圾管道输送等新技术）。

• 开发中水处理再利用系统，让更多的水资源可以得到重复利用。

• 重视基础设施及能源使用的身边教育，定期进行展示讲解，强化市民的环保意识。

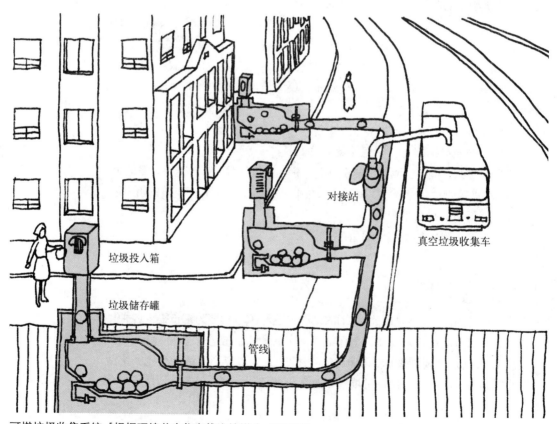

可燃垃圾收集系统［根据環境共生住宅推進協議會（1998）］

4. 使用舒适便利

空间是为了给人们使用而存在的，能否舒适便利地使用空间，是评价功能空间的重要标准。不同的功能空间，在使用时的要求也各不相同，这里以居住空间为例，讲解人们对环境和空间使用上的要求。

○ 交通便利：有高速准时的都市公共交通通过住区，方便居民外出通勤工作和居住生活。

○ 都市位置：在都市整体布局上，回避有工业噪音、大气污染等的地方，满足居住区对日照、通风、隔音等的基本要求。

○ **日常周边生活设施：在居住区的周边或居住区内部，设置购物中心、医院、餐饮、服装等完善的日常生活设施。**

○ 基础设施整备：保证都市道路、给排水、电力、煤气、通信等供给设施，以及变电站、污水处理厂、垃圾处理设施等基础设施的整备。

○ 安心安全的空间环境：增强社区领域性，并与周边空间形成互动，降低住区内的犯罪发生可能。

○ 与周边环境的融合：在功能上与周边环境形成互补，在历史文脉及风土人情上保持统一的氛围。

○ **社区的社会评价和氛围：提高并塑造高品质的社区形象，并结合该地区文化特点，创造有个性魅力的社区氛围。**

○ 完善集会所、图书室等社区公共设施。

○ 设置街角广场、休息场所等交际空间和儿童游乐场所。

○ 结合步行空间，形成绿色网络，确保舒适的人文住区景观。

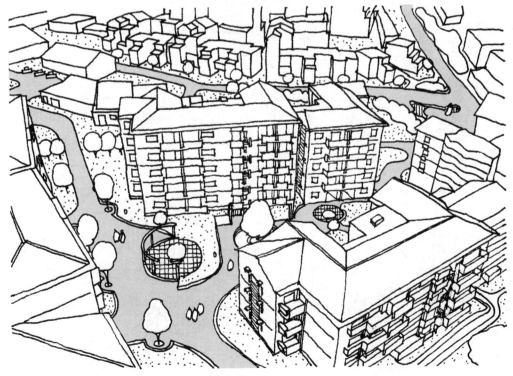

舒适的社区中庭空间

IV-6 都市象征空间的形成

1. 紧凑都市的核心

○ 都市象征空间的定义：在都市内，与经济利益和生产活动没有直接的联系，但在精神层面上属于不可缺少的都市空间，我们称之为都市象征空间。

○ 都市象征空间是都市构架的基本构成要素之一。

○ 一个紧凑都市的核心能否形成，关键在于其象征空间的构筑，具体方法如下：

• 广场——都市市民集会、露天市场、演出等活动的场所，为人们逗留休息提供大型开放空间。

• 绿化——通过茂密的绿色植被及其自然舒展的造型，让人们的身心得以平静、宁和，并从中感受到旺盛的生命活力。

• 水——大面积的湖水或者相互交织的水系网络，成为都市特征显著的象征、印象空间。

• 历史纪念物或都市主建筑——作为都市的历史文脉或风土人情的代表，以某历史建筑物为中心，在其周边形成都市的象征空间。

• 都市主道——设定都市某条主干道作为都市形象大道，统一处理道路两侧建筑物的都市空间设计，以及沿街绿化、小品等景观设计。

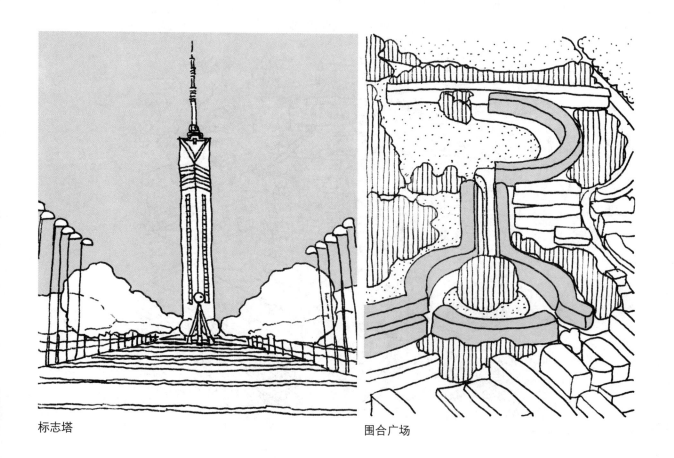

标志塔   围合广场

•空间尺度的控制——在建筑空间尺度处理上，要注意都市形象尺度和人文尺度的结合，并与都市功能相融合，尽量避免无处理的巨大墙面和让人们无法回避的空间的出现。

•视觉焦点处理——注重对景的处理，丰富空间景观的变化。设置视觉焦点，使人们在都市空间的移动过程中能够明确自己的空间位置，保持与都市空间的视线连接。

2. 心理上的归属

○ 设定都市空间等级：将都市内空间分为都市、地区、街区、组团、身边空间等，并针对不同的都市空间等级制定具体的空间设计导则。如在社区中心和都市中心的设计过程中，要力求体现两者空间等级上的差异，丰富都市空间的多样化。

○ 制定明确的都市等级构成：确立明确的都市整体形象，由此，在具体的都市空间，如景观大道、主街道、小路、街角广场、都市功能设施的设计上，确定与都市地位相匹配的空间尺度、材料、色彩等。

○ **自我空间的定位：人们在都市中不停地移动着，需要知道自己所处的具体位置，以保证不迷失方向和空间归属感，需要通过塔、纪念建筑物、交通标识、特征明显的雕塑或构筑物等来辅助其空间的位置确定。**

○ 回归自然的满足：在繁忙的都市生活中，人们往往需要在身心两方面得到大自然的抚慰，都市空间中需要各种各样的自然态的水和绿色植被等，具体可以体现为较为宽广的湖面、清澈的小溪、原生态的树林、低矮的灌木丛等，使人们虽身处都市空间内，却有回归大自然的感受。

○ 市民与都市一体、拥有都市自豪感：都市市民与都市共同经历和分享历史事件、庆祝活动等，让市民的身心与都市融为一体。同时对于自己所在都市的悠久历史，名人轶事及其定居处等有广博的了解，充满对自己都市的自豪感。

捷克特尔奇城独具风格的建筑艺术

Ⅳ-7　历史景观文化的保存

1. 都市的文化继承

○ 重视传统的街道景观。这里我们所说的，是指都市中的传统街道，它的历史比较久远，常常和都市的年龄相近，由于种种原因其现代再开发滞后。对传统街道的整备，与追求利益的地产经济开发行为不同，其目的不是为了成为都市内的观光景点，也不是现在流行的仿古式商业街建筑群，而是通过整理修复，让居民生活得更舒适、更便利，唤起有着历史沉淀底蕴的都市文化。

○ 有机的都市空间。都市是一个生命体，作为表现形式之一的都市空间，也是相互呼应的，在建设过程中，需要按照空间出现的先后次序，确立现在构筑体的空间体量和建筑模式。

○ 基本的生活模式。在经济条件、社会地位、建筑技术等多种社会因素的影响下，人们会逐渐形成自己的基本生活模式，并以此为基础判断及评价周边的都市环境。

○ **共同的文化背景。一个都市，往往有着共同的文化喜好风格，都市的文化背景决定了都市空间和建筑的风格，形成了统一的都市空间氛围。**

○ 都市的历史变迁。研究都市的历史，并制定都市空间符号，构筑都市空间系统图，从中挖掘其特有的都市文化脉络和表现手法。

○ 象征空间的重要性。作为都市文化的具体表现，都市象征空间有着巨大的影响力和覆盖面，如巴黎的埃菲尔铁塔、悉尼的歌剧院、莫斯科的红场、北京的天安门等，成为都市的标识和脸面，起着统领整个都市的作用。

○ 对历史建筑物的等级分类。可以分为仔细修复、部分修复、保护再生、重建、新建五个级别，明确其保护、再生的价值和方法。在继承都市文化的过程中，要回避单一的古建筑保护模式。

巴黎埃菲尔铁塔

北京天安门

○ 都市空间的原型和变化。都市空间是构成都市立体要素的复合体。它包括住宅、各类都市功能设施、街道、都市中心、车站、广告牌、各类构筑物等，以及其相应的空间布局。**对都市空间加以分类，并对其空间原型加以提炼，通过图表对其空间形态进行整理归纳，寻求其内在变化规律。如教堂、医院、大学等都市公共设施建筑，中产阶级、大众集合住宅等。下面以意大利博洛尼亚的中上阶层住宅和大众集合住宅为例进行说明。**

中上阶层住宅：

• 用地大，平均约在 $200 \sim 1000 \ m^2$ 之间。

• 有自己的私家道路与市政道路相连，车行入口与人行入口分离，往往设有小的入口花园。

• 住宅内部的对内和对外人流动线分离，居住与对外社交空间划分清晰。

• 有较为宽敞的会客空间以及独立的客人用房。

• 厨房设有独立的对外出入口，不与主入口人流发生交叉。

• 与会客空间或大起居室相连的是中庭空间，拥有良好的绿化景观，供人们休息和娱乐。

• 二层常常作为居民的卧室及其他隐私空间，不对外开放。

大众集合住宅

• 用地面积较小，平均约在 $30 \sim 100 \ m^2$ 之间。

• 开间小，往往只有 $4 \sim 8 \ m$。

• 建筑的进深大。

• 采光常常通过天井，对外开口率较低。

• 人员密集，人均建筑面积一般在 $5 \sim 10 \ m^2$ 左右，常居人口较多。

• 没有直接与市政道路相连的对外出入口，集合住宅共用车行和人行出入口。

• 室内布置局促，没有单独的对外社交空间。空间功能主要是为了解决吃、住基本需求，没有多余的休息娱乐空间。

意大利博洛尼亚的中上阶层住宅和大众集合住宅类型〔参考渡边定夫，曾根幸一，岩崎骏介，若林时郎，北原理雄（1983）〕

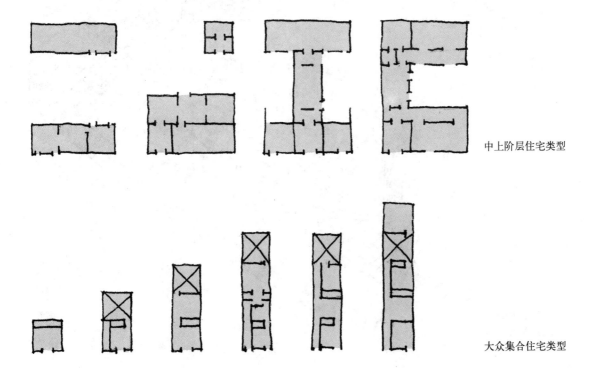

中上阶层住宅类型

大众集合住宅类型

2. 文化自豪感

○ 尊重历史文化景观，对周边建筑物进行尺度上的回避，减轻周边建筑物对历史景观的压迫感，同时结合具体空间形态在形体上相互呼应。

○ 整理周边的土地利用，对周边建筑物的都市功能与历史文化建筑物的相互关系加以调整，避免功能和使用上的冲突，确保该地区浓厚的历史文化气息和文化自豪感。

○ 充实历史文化建筑物的公共空间。设置导游图、路标、免费图册等宣传设备，让人们可以随时确认自己在环境中的位置，加深对历史文化建筑物的理解。布置小的广场、舒适的步行散步道、休息长椅及凉亭等，提供大家可以逗留并进行交谈、休息、娱乐的场所。

○ 保持历史建筑物的整洁，定期进行修缮维护。通过对该地区环境的保护，培养尊重历史、重视地方文脉的良好氛围。

○ 严格观光行为的管理。明确历史建筑物的所属、内部人员构成、管理保护制度等，控制外来游客的流量，严格管理观光行为的活动范围和具体细则。

○ 抑制地区内机动车的数量。通过设置步行散步道或减速带、道路形态弯曲等方法，减少过往交通量，降低地区内的车行速度，构筑安心、安全的步行空间环境。

○ 提高自行车的使用率，并设置独立的自行车道。

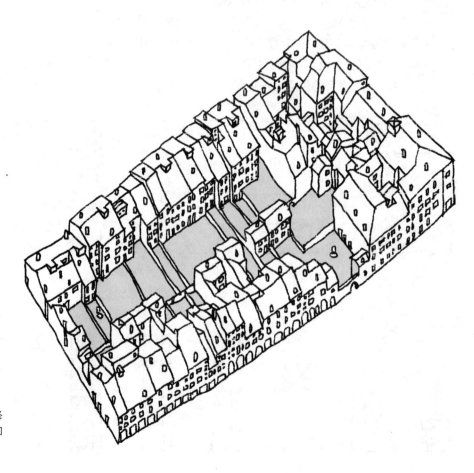

尊重历史文化景观的地区修复规划［根据土肥博至，御舩哲（1985）］

○ 构筑步行道路的网络体系。

○ 历史文化景观的具体空间设计手法：

· 重视历史悠久的古树的保护，整理古树周边环境。

· 开放都市中的寺庙空间，让人们可以享受到其中蕴藏的历史文化气息，增强对都市文化的理解。

· 结合当地风土及历史，设置过街山门或列柱、石雕等。

· 体现文化沉淀的有分量的街道围墙，成为都市的景观焦点之一。

· 路边的石头雕刻，可以作为栏杆、纪念碑、名人像、休息场所等，有着丰富的表情和个性。

· 不同时代的建筑物同时并列出现，其建筑体量形成相互穿插和呼应。

· 增加建筑物或构筑物的天然建筑材料的比例，多采用木材、石材等。

· 对建筑部件加以适当的装饰，如窗饰、门楣等。

· 注重步行空间环境，以人文尺度塑造空间景观。

· 开放沿街老店铺的入口空间，让人们可以在那里停留交谈，也可以进入店内考察研究老店铺的工作模式和流程。

· 建筑体量和景观需要统一规划和管理，以避免突兀的不合环境的建筑物出现。为此，各个街道要制定自己的街道景观规划导则和具体建筑限制内容。

让人们走入历史文化景观之中，亲身体验其浓厚的历史文化气息

V——原则4　拥有良好景观的都市及其设计手法

V-1　概要

原则4是从景观的角度剖析都市，研究相应的设计手法，通过良好景观的建设，构筑富有活力的、宽裕滋润的都市氛围。每一处景观的形成都有着独特的环境条件，在这里，尝试着对景观构筑的基本原则进行归纳，具体体现在以下几个方面：

○ **合宜的空间规模**：空间的大小应保证能在该空间进行相应的活动，没有妨碍活动进行的障碍物，确保有足够的公共开放空地。

○ **舒适的空间尺度**：针对该空间的景观要求和特点，进行人文尺度的加工和处理，没有不愉快的建筑要素。

○ **景观处理**：进行对景运用、视线的焦点形成、眺望的场所设定和对应景观的取舍、区域的特征景观设计、不同人视高度的景观形成、建筑物和植被及小品的统一整合等一系列景观空间处理。

○ **交通便利**：不同的人们使用不同的交通方式，从都市的其他区域可以顺利地到达该地区。

○ **步行空间完善**：人车分离，形成安全、安心的空间环境。设置长椅、凉亭、平台、空地等供人们逗留交流的场所，并配以变化丰富的绿化植被景观。

○ **景观与人的对话**：设置各种人们相逢、约会、交流的场所，保护及表现其场所的历史气息，确保融入到背景景观的交谈休息环境的舒适。

○ **直接感受自然的环境**：引入绿色、水、太阳光、风等自然要素，让人们可以直接感受和触摸到大自然，形成人与自然一体的空间氛围。

○ **建筑空间构架清晰**：可以从建筑物外侧预测到建筑内部的内容和空间框架。

和谐舒适的都市空间要素组合

V –2　都市整体的特色

1. 住宅为主的都市构成

住宅建筑占据了都市空间的绝大部分，其建筑风格和具体的处理手法，对都市景观的影响巨大。一个统一的都市住宅形象，决定了都市整体的主旋律。

抽出该地区的住宅空间共性，剖析住宅对都市景观的增强和改进方法，提出具体的都市住宅设计解决方案。总的思考方向如下：

○ 满足都市设计层面上的要求。设定地区容积率、道路后退距离、建筑密度、绿化率、建筑限高等具体指标。

○ 对住宅建筑要素进行统一。明确住宅建筑的材料、色彩、形态和空间的基本构筑方式，对景观影响大的建筑要素，如住宅屋顶形式和色彩设计、墙面开孔率的设定等，需要结合具体的用地气候和风土文化等条件加以明确限定。

○ 阶段式的空间构成。通过用地高低差、花坛、矮墙等，明确住区用地界限，形成公共空间、半公共空间、半隐私空间、隐私空间的阶段式构成。

○ 立面的水平、纵向分节化处理。

○ 色彩设计。色彩构成可以分为面向都市的公共形象构筑和面向住区内部的居住氛围创造两大类。

○ 确保公共空间的连续性。通过底层架空、建筑错位、树木遮挡等手段，形成通透的住区空间，加大街道的深度和空间的连续性。

○ 住宅空间与绿化植被相呼应。

○ 对住宅楼端部进行处理，形成 α 房间等特色空间。

以"住宅构成都市"为设计主题的街道景观

○ 通过小游戏空间的设置和网络化，丰富生活空间的趣味性。

○ 确保必要的停车场。设计原则是不通过住区内部道路，从周边市政道路可以直接进出。

2. 地下空间的利用

地下空间，是指不受采光、通风、声音、眺望景观等外部因素影响的独立隔断空间。

○ 地下空间优点在于与外界隔离，可以带来心理上的安定感，提高工作效率，同时可以保全地表有限空间。缺点在于空间闭塞，湿度较高，不够健康。

○ 关于地下空间的利用主要分为以下几类：

• 地下隧道、管道。主要以铁道、煤气、电力、通信、给排水等都市基本设施为主，通过挖掘地下隧道和共同沟的形式加以利用。

• 地下商业街。由于地下空间不受气候的影响，可以确保交通的顺畅，方便人们利用这里的餐饮和百货等商业设施。

• 大深度地下空间。在地表 40 m 以下的地下空间，可以作为新的都市生活空间加以利用，目前正在先进发达国家研发使用。

• 地下通道。分为步行通道和车行通道两种，主要用于地下铁路车站之间的地下换乘连接，车站与周边建筑物之间的步行连通，以及作为立体交通连接的地下车行道路部分。

• 地下停车场。

• 都市基本功能设施。作为都市的物流基地、能源储备场所、垃圾处理设施等利用。

合理、充分地开发利用地下空间，可以大幅度减轻地表空间拥挤的压力，更加有效地分配都市空间资源

3. 水边都市设计

○ 水的都市：都市以水为主题，例如意大利的威尼斯，荷兰的阿姆斯特丹，中国的苏州、丽江等，以河道作为主要的交通空间，以水为中心展开都市生活和景观。

○ 都市的水边空间：主要是指河流、水池、湖泊、大海等水资源丰富的都市空间，包括周边宽敞的公共开放空地、广场、散步道等，共同形成舒适的亲水空间，演绎独特的水文化景观。

○ **亲水空间的形成：综合考虑水边空间所具有的休闲、防灾、心理满足等各种功能，设置亲水公园，让人们可以与水接触、交流，改善生态环境。**

○ 具体形成亲水空间的设计要点如下：

• 结合水、绿化、周边设施等具体功能要求，确定空间大小，形成合宜的空间规模。

• 与自然变化的水系相区别，构筑方向感明确的建筑物。

• 结合步行散步道，尽量做到建筑空间多样化。

• 设置不同景观场景，注重水的印象空间构筑。

• 注重从水的一侧观看都市景观的效果。

• **将周边环境进行梳理，形成水和绿地的网络化。**

• 活用水的倒影功能，注重夜间照明效果，创造良好的水边夜景。

舒适、具有人文尺度的水边建筑

4. 民族特色和宗教特色

都市空间整体的特点是由都市文化决定的，其主要取决于都市构成主体的文化意识层面，具体可以体现为都市市民的民族构成所带来的民族文化，也可以是共同的宗教信仰所形成的宗教规则，它们都对都市景观形成有着巨大的影响。

○ 一个民族有着自己独特的文化，它具体体现在民族语言文字、内部管理体系、建筑形态、生活模式、服装习俗等各个方面。与此相同，宗教信仰也有着自己独立的系统，从日常的物质生活到精神领域的追求都有着详实的规定和要求。

○ 民族和宗教对都市的影响，主要体现在以下几个方面：

• 结合民族或宗教文化，形成有特色的建筑风格。

• 与具体的民俗文化相融合，如进行特有的节日或祭祀活动，设置独特的大型功能设施，满足民族或宗教文化在物质和精神层面上的特色要求。

• 在管理机制上，对应相应的权力划分、内部力量平衡等要求，在都市景观及空间设计方面形成具体的表现。

• 导入时间要素，形成四元都市空间，尊重都市文脉，确保都市的历史延续和变迁轨迹。

• 研究民族或宗教团体的聚集形式和形成过程，指导和预测都市发展方向。

• 在色彩选择上，尊重文化特点，统一都市的总体形象。

• 结合有文化特色的基本生活习惯，进行建筑内部空间布置，满足特殊的空间及形态要求。

迷人的地中海风情——海、山、建筑和人们的生活融为一体

V –3　都市景观的场所性

1. 都市中心

都市中心作为都市的象征空间，需要保持符合都市规模的尺度大小，设置都市标识性建筑，明确都市的中心所在，让都市市民有强烈的空间归属感和自豪感。

○ 都市中心是都市功能的重要集聚地，都市的主要功能都在这里汇总。

○ 都市中心的设计要点如下：

• 土地高度利用，该处建筑密度和容积率为都市的最高值。

• 功能复合，设置商业、办公、市政、金融、娱乐、交通等各种设施。

• 与交通枢纽连接，确保中心区便利通畅的交通条件。

• **充分利用地下空间，形成立体空间使用模式，节约有限的地表空间。**

• 人车分离，形成舒适的步行交通网络。

• 公共交通优先，减少机动车和私家车的利用，构筑准时、便利的公交网络体系。

意大利博洛尼亚的帕塔利维纳广场［根据 JACOBS (1993)］

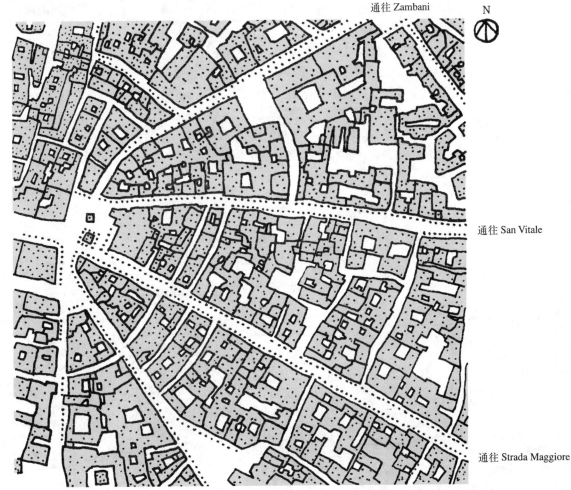

通往 Zambani

N

通往 San Vitale

通往 Castiglione　　　　通往 Santo Stefano

通往 Strada Maggiore

·细小划分停车场系统，分散布置在都市中心的周边或地下。

·设置都市尺度的大型广场，供都市大型活动或展出使用，提高都市整体形象。

·设计人文空间，并布置雕塑、小品等装置，提高都市的文化性和趣味性。

·布置丰富的绿化植被，与周边的都市建筑物相呼应，形成良好的自然景观环境。

2. 交叉口

道路交叉口是人流和车流的汇集处，50% 以上的交通事故发生于此。如何通过具体的空间处理，做到既满足交通上的物质需求，又可以创造安全、安心的步行环境，是我们研究的主要课题。具体的改善方法如下：

○ 改变小转弯的规则。在纵向步行道呈绿灯的情形下，禁止横向机动车的小转弯，确保人们可以安全地通过马路；相同纵向机动车的小转弯，可以在步行者优先的前提下有限制地允许。

○ 确保行人过马路有足够的时间。延长步行道绿灯的持续时间，确保老人和儿童可以以正常的步行速度通过马路。

○ 在车行和步行道路上，设置明确的道路方向、目的地及周边建筑物标识系统，尤其是加强对相邻街区的具体表示，让人们可以自主地把握目的地与现在位置的关系。

○ 强化交叉口的声音提示、盲道铺地建设，并在监管方面加强力度，确保盲道铺地上没有违章停车或其他障碍物。

○ 对交叉口周边建筑物进行转角处理，确保机动车驾驶员的视线通畅，同时缓冲交叉口人流拥挤现象。

○ 设置街角广场。在街角处设置广场空间，作为步行者休息的场所，布置喷水、植被、铺地、长椅等，为大家提供休息、交流的便利空间。

街角广场空间不用太大，以 10 m² 左右为宜，主要目的是为人们提供休息、交流的场所，同时减轻交叉路口人流的拥挤状况

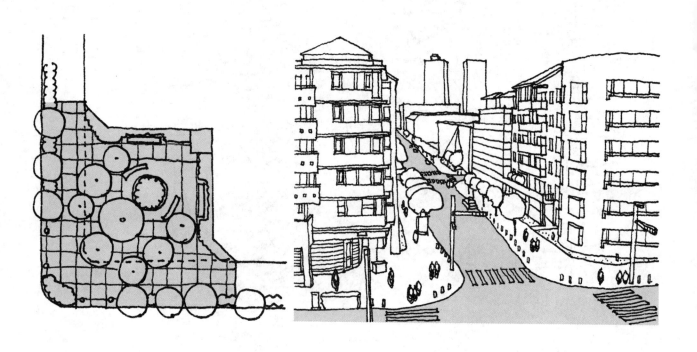

3. 社区中心

将都市空间划分级别，明确各级空间的界限和覆盖范围。社区中心作为地区中心的主要功能设施之所在，需要满足住区及周边环境的要求。

具体设计上的主要要求：

○ 位于地区或住区的交通节点，让大家都能方便利用。如果社区规模较大，要尽量与公共交通系统相结合，便于离社区中心较远的居民利用。

○ **社区基本服务功能完善，能够满足人们的居住生活、娱乐文化的需求。**

○ 结合绿化植被，形成良好的步行环境，让人们易于接近。

○ 在整体上控制建筑尺度，将大体量的建筑形体进行细小划分，并对建筑物的表面质感和细部加以考虑，创造人文尺度的建筑空间。

○ 通过设置小广场、变化地表层高度、适当的视线遮挡及通透、对景景观处理等方法，提高空间趣味性，丰富建筑空间表情。

○ 与居委会、美容理发、邮局、储蓄所、运动广场、幼儿园等其他社区**服务设施相结合，围绕住区居民的日常生活圈，形成住区服务的网络体系。**

○ 自然景观良好，水、绿化丰富。

○ 在社区中心内，设置料理、陶艺、书法、绘画、摄影、健身操等各种**文化体育教室，让更多的市民参与社区活动。**

近邻中心与地区中心［根据萩岛哲（1999）］

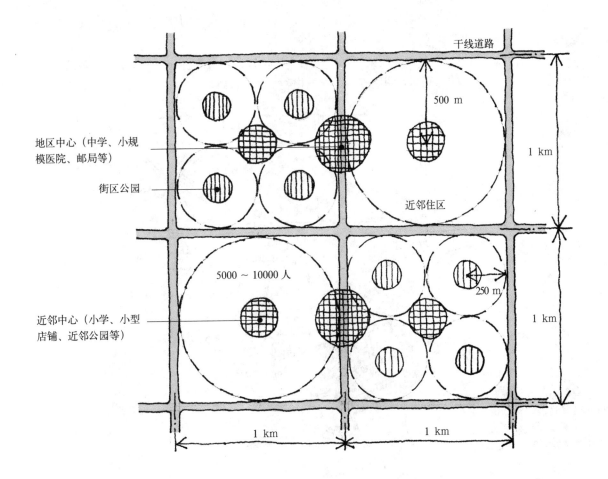

4. 商业、办公等不同公建

商业办公等公共建筑物，作为都市形象的代表，体现该都市文化的特色和整体文化氛围，通过对公共建筑空间的观察和分析，可以大致把握整个都市的文化导向及历史文脉的变迁。

其具体的都市设计要点为：

○ 地理位置优越，各种公共交通便利。大多数先进发达国家的商业办公设施与地铁、电车等中远距离的公共交通设施相结合，以某一交通节点为中心，呈环状面式布置。中国的都市商业及办公等公共建筑大多沿都市干线道路布置。

○ 功能内容与周边环境相结合。按一定的公共设施服务半径，一体化考虑地区的各种都市功能设置和分布，满足都市人们的基本生活工作需求。

○ 节点化。相对的集约型设置，可以提高土地的利用效率，方便市民的集中利用。

○ **网络化。将各种都市公共功能分区布置，满足不同的都市需求，并通过便利的交通体系和绿化步行系统连为一体，形成舒适的都市设施利用网络。**

○ 结合绿化植被，进行人文化尺度设计，形成良好的步行空间。

○ 空间规模适宜，满足各种功能活动的空间大小要求。

○ 通过人工问询、方向标识、铺地变化、导游图板、空间设计诱导等方式，形成健全的标识导游装置系统。

○ 重视步行空间的回游性，结合空间变化设置便利的步行回廊和小的快捷路径等。

○ 整合该地区的都市空间，注重公共建筑的标识空间设计，让来到该地区的人们拥有明确的地区象征物和空间归属感。

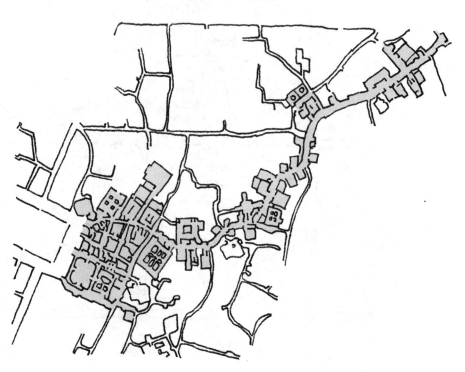

商业细胞结合形成的传统商业空间［根据渡辺定夫，曽根幸一，岩崎駿介，若林時郎，北原理雄（1983）］

5. 住宅

住宅建筑是都市中最为常见的占都市空间体量最多的建筑类型，对整个都市形象起着决定性的作用。其都市设计要着重注意以下几点：

○ 住宅或住区的选址上，要确保安静、健康、便利的环境条件。

○ 交通上要与便利的公交网络连接。

○ 周边都市设施健全，满足基本的居住生活需求。

○ **日常生活圈设计在步行 10 min 之内，设置有公园、店铺、邮电、学校等各种生活设施。**

○ 居民参加设计流程，共同构筑自己的家园，强化社区归属感和自豪感。

○ 人文尺度设计，回避大尺度的建筑形态，对立面体量进行细小划分。

○ 明确住区用地界限。

○ 突出入口空间，使其成为住区的标识性空间，以及居民交谈沟通的场所。每一户住宅入口特殊设计，形成有个性的魅力空间。

○ 住区内部人车分离，停车场从外围道路直接进入，不影响住区内部生活。

○ 强化社区内的组团级社区建设，促进邻里之间的交往交流，同时对建筑、绿化、开放空间、交通空间等进行一体化设计。

○ 结合居民家庭构成情况，合理规划布置住宅内部空间，满足多种居住状况的需求。

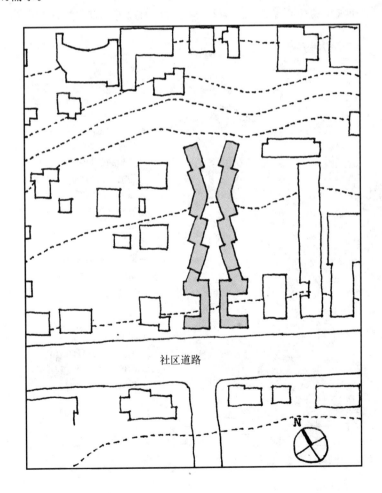

社区道路

结合用地的地形地貌，设计有个性魅力的住宅空间形象
[根据神田骏（1990）]

V–4　都市空间的连续性

1. 建筑单体设计

○ 结合建筑单体的功能要求，具体分析设计用地的特点以及各种设计上的限制条件，综合判断建筑单体的用地适宜程度。

○ 建筑功能的布置原则：

· 与周边都市功能设施相结合，其建筑功能不对周边地区造成负担。

· 避免功能空间的摩擦，将相同的功能集约布置。

· 保全周边环境，形成有个性魅力的功能空间。

· 明确建筑空间功能，将建筑功能进行细小划分。

○ 研究建筑的形态体量，明确单体建筑物的基本设计条件。具体包括容积率、建筑密度、后退距离、斜线限制、视线走廊、建筑限高等内容，通过这些基本条件的明确和具体的分析，确定建筑物的大的骨架，之后再仔细研究功能空间布置、建筑结构、施工材料等具体的建筑内容。

· 在这里，要着重强调一下容积率。容积率是用地内的总建筑面积与用地面积的比值，它决定了单位土地上的空间体量的大小，代表着该建筑单体的空间强度。随着容积率的增加，在该用地内的空间活动量也随之增强，单位土地的利用效率和价值也越来越高。容积率的大小的判定，需要综合周边的土地利

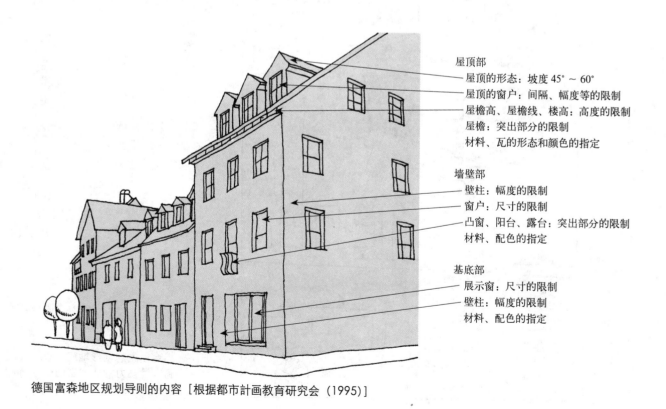

屋顶部
　屋顶的形态：坡度 45°～60°
　屋顶的窗户：间隔、幅度等的限制
　屋檐高、屋檐线、楼高：高度的限制
　屋檐：突出部分的限制
　材料、瓦的形态和颜色的指定

墙壁部
　壁柱：幅度的限制
　窗户：尺寸的限制
　凸窗、阳台、露台：突出部分的限制
　材料、配色的指定

基底部
　展示窗：尺寸的限制
　壁柱：幅度的限制
　材料、配色的指定

德国富森地区规划导则的内容 [根据都市计画教育研究会（1995）]

用及都市功能的需求、区域空间的平衡配置，以及用地周边的都市基础设施提供能力来决定，不能仅仅考虑用地内的建筑空间需求，它是政府部门对都市空间整体考虑之后控制该地块空间体量的主要指标。

·**建筑密度**：反映了人工建筑物和自然环境的比例。建筑密度越大，所剩的裸露土地面积越小，空间与自然的融合程度越低。

·**一定的道路后退距离**：确保道路沿线的都市空间开放尺度，减轻临街建筑物对道路空间的压迫感。

·**斜线限制**：在我国现阶段采用不多，主要在发达国家执行实施，包括道路斜线、北侧斜线、相邻地块斜线等，其目的主要是为了更严格地确保建筑单体达到日照、采光、眺望的要求，同时消减空间之间的相互压迫感。

·**一定区域内的建筑空间体量方案**，要做到整体上的协调和统一，需要通过严格的都市空间设计导则的检测和该地区的总规划设计师的认可后，才可以进入下一个阶段施工图的制作。

○ 在建筑材料、建筑结构及施工技术、建筑色彩、立面设计等方面，要与人体工学、视觉景观、审美文化、地域风情等相结合，综合考虑并制定具体的实施细则和方法。

○ 建筑底层的沿道墙面，要进行适当后退和绿化步道处理。

○ 强化入口空间，将人流、车流、物流进行明确划分。

○ 对用地的边界，通过高低差、色彩变化、铺地图案的起始、绿化植被种类变化等设计手法，进行明确化处理，突出该建筑物的空间区域范围。

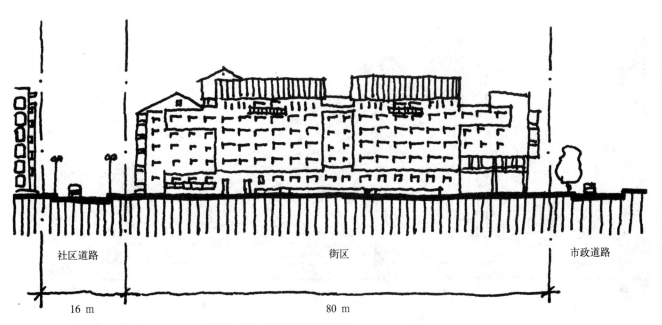

| 社区道路 | 街区 | 市政道路 |

16 m　　　　　　　　　　　　　　　　80 m

以规划导则为基础，由不同设计事务所完成的沿街连续立面

2. 创造单体景观的连续

都市景观由一个个建筑单体构成，但又不仅仅是建筑单体空间的简单累加。

○ 开放空间

• 都市的开放空间大致可以分为两大类，一类是市民都可以利用的都市公共开放空间，如道路、公园、广场等，另一类是建筑物内部的开放空间，如大堂、门廊、中庭等。

• **尽管作为开放空间，其特质是在都市内连绵不断向远处延伸，但特定的都市开放空间都有着一定的空间范围，它往往根据人体尺度、视线角度以及人眼可以辨认对方表情的距离等决定。**

○ 开放空间的比例

• 在人与建筑及空间的相对关系之中，尤为重要的是开放空间的比例。

• 开放空间的平面比例，是空间与建筑物基本关系的体现，反映了开放空间的平面形状、人与建筑物的水平距离、相互辨认对方表情的距离等关系，确定了建筑物的平面布局以及空间的水平连续变化过程。一般的都市小广场，尺度不宜大于 30 米见方，设置类似的都市开放空间，让人们可以在舒适的空间尺度下进行交流休息，可以促进都市良好的社交氛围。

• 开放空间的剖面比例，体现了空间与建筑物的高度关系，其所形成的视线角度直接影响到建筑物对空间的围合程度和人们的空间感受，是决定街道景观好坏的重要评价指标。通常都市道路的宽度 D 与沿街建筑的高度 H 之比为 1：1 左右，这样的街道既可以保持良好的空间围合，又不感到空间的压迫。

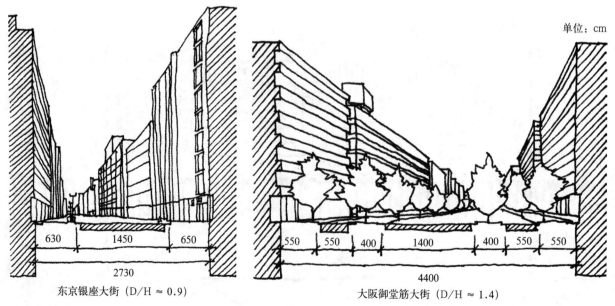

单位：cm

东京银座大街（D/H ≈ 0.9）　　　　　　　　　大阪御堂筋大街（D/H ≈ 1.4）

通过道路剖面比较，可以看出两个城市不同的都市文化理念和藏在背后的土地价值的不同［根据加藤晃（1993）］

○ 从独立用地空间向连续都市空间的转变

• 都市设计不是研究一个个的建筑单体，而是研究建筑单体相互关系的科学。

• 单独一个空间是独立的，而两个空间就构成了连续空间景观，对人的视觉美学产生主导性作用。具体的都市空间可以从景观、场所、功能、网络四个方面来阐述。其中，景观是指从美学的角度观看空间，场所是讲述该空间的位置特殊性，功能是分析空间的具体内容和作用，网络是希望都市空间在更广域的范围内可以保持连接，这四者都是从相对静止的状态来研究都市空间。而以往的城市规划设计，对每一个地块的建筑密度、容积率、绿化率、道路后退距离等加以详细的设定，而对地块与地块之间的关系限定则相对较少。

• 都市空间是相对静止的，而在都市空间中的人们却在不停地移动。人的视线总是在观察着建筑物、其他的人、标识、树木等，除非没有什么东西可以吸引眼睛了，否则人们总是在观看某些事物。良好的都市空间，会不停地体现一些独特的地方吸引人们，让视线在空间中移动。

• 作为具体的设计手法，连续都市空间设计非常重要。都市空间是连续的空间，在空间场所或都市功能发生变化的地方，往往出现过渡空间，或者叫做中间领域。同时，相邻的建筑物或空间之间，需要相互尊重，充分考虑到各自空间对周边环境的影响力，形成舒适的协调空间。

• 空间的协调性和过渡性主要体现在建筑样式、高度、材质、构成要素、尺度等几个方面。

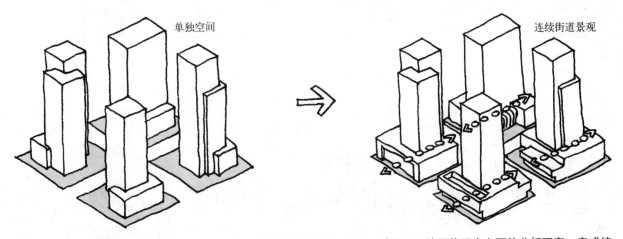

根据街道景观形成型的街区建设规则，通过对中间领域的形成、景观、功能、环境网络四个方面的分析研究，完成统一的街道景观构筑

3. 街道空间的构成

○ 步行地面——分为硬质铺装、裸土两种。

• 硬质铺装与屋顶、墙壁一样，具有明确的都市风景特点，为都市人们进行各种活动提供最基本的平台。它的主要目的是为了人们可以更舒适地步行，同时也作为人们都市活动的诱导手段，对明确划分都市与建筑物的空间界限、指导空间动线走向等起到重要作用。

• 裸土是大自然的原风景，是都市空间中的宝贵资源。它通过坡地、湿地、山谷等多种多样的形态清晰地传递着大自然的信息，如季节的更替、气象的变迁等，同时还可以作为灾害的信息源，向人们准确告知地震、泥石流、火山喷发等情况，也可以通过大面积的裸地对周边的小环境起到改善和调节的功能。

○ 建筑物——是都市街道空间的主要构成部分，对都市空间的形成起着决定性的作用。

• 作为都市空间的建筑物，在建筑符号的运用及形态造型等方面要充分尊重原有的都市历史文脉，使用都市固有的或是该都市可以接受认可的建筑语言，与原都市文化相融合、对话。

• 同时，在建筑物的立面处理、建筑材料的选用等方面，要顾及周边的建筑环境，做到都市街道空间的统一处理，相互呼应补充，形成有机的都市空间。

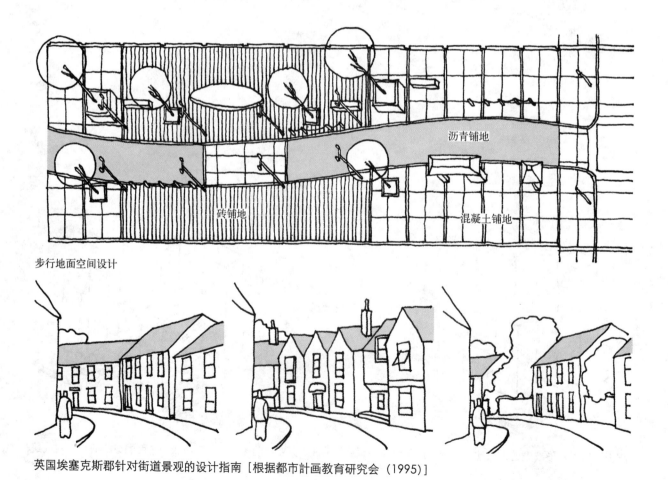

沥青铺地

砖铺地　　　混凝土铺地

步行地面空间设计

英国埃塞克斯郡针对街道景观的设计指南［根据都市计画教育研究会（1995）］

都市建筑物自身需要保持良好的人文尺度，让人们无论是远观还是行走在建筑物旁，都不会感到局促或有空间压迫感。

　　○ 道路——不同市政级别的道路，其宽度及与步行空间的关系也差异很大。

　　•在道路剖面的设计上，尤其要重视车行空间与步行空间的过渡处理。

　　•首先要确保必要的空间间隔，一般为 3 m 以上，如果道路有专用的自行车道设置在一般机动车与步行空间之间，其与自行车道的空间间隔可以为 1 m。同时要在过渡空间布置合理的绿化植被，一方面可以形成绿色林荫供夏日乘凉，另一方面要确保通透的交通视线。

　　○ 植被——作为构成街道空间的基本要素之一，是大自然的代表。

　　•绿化在都市空间有着重要的意义，可以起到防尘、隔声、遮光、防风等物理功能，还可以调节温度和湿度、提供氧气、防止水土流失、保护地下水资源等。

　　•同时，绿地还有着巨大的美化空间、平和心态等心理功能。绿化植被本身是有生命的，可以随着四季而变化。草木的种类众多，不同的植被在人们的心里可以形成不同的印象，诱发人们内心的情感。

　　○ 街道小品——属于街道空间的装饰部分，包括长椅、喷水、雕塑等，供人们休息交流，美化街道景观，创造繁华、有趣的都市空间。

　　○ 其他构成要素——包括电线杆、路灯、路边停车带等道路附属功能要素，以及相邻都市功能空间所要求的围栏、高低差等，这些要素需要在确保其功能要求的前提下，尽可能地进行弱化处理，消减其对都市街道空间的影响力。有时也可以结合具体情况，发挥构成要素特性，转不利因素为有利，成为整个街道景观的一部分。

舒适安全的街道空间，有助于活化街道氛围，提升人们对社区的喜爱和自豪感

4. 空间的强度——与周边力场的平衡

○ 空间强度——作为空间的特性之一，每个空间都对其所在的整体空间有一定的影响力和作用程度，体现为可以量化的物理数值。

○ 都市中不同场所的都市空间，其空间强度也不同。简单说来，如果一个空间与周边空间的人流、物流、信息流越大，该空间的强度也相应地越大。

○ 空间强度的物理表现多种多样，可以体现在建筑密度、容积率、高度、人气、交通量、建筑造型、材料等各个方面。

○ 都市空间的强度变化，形成了连续都市空间的内在韵律。

○ 空间强度在某些时候也可以称为空间紧张度，代表着单位空间内所蕴含的能量大小，具体可以表现在该土地的价格及容积率等方面。

○ 都市空间的空间强度，在与周边的空间力场的竞争中，取得了相对的动态平衡，其具体数值在都市不同的发展阶段也在不断地变化着。

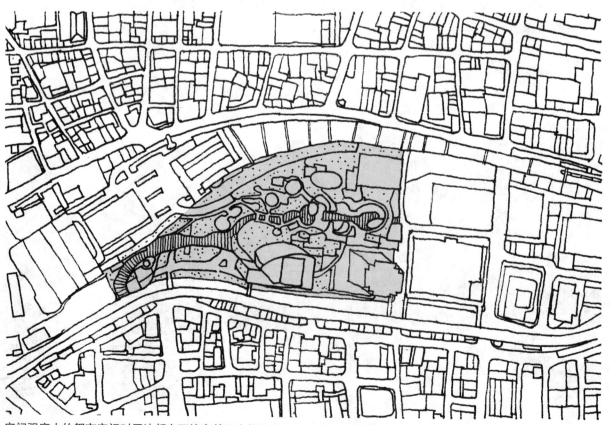

空间强度大的都市空间对周边都市环境有着巨大的统率力和影响力，往往成为该地区的象征空间

V–5　绿色景观设计

1. 都市公园

○ 都市公园作为都市绿地之一，是都市人们进行休息、娱乐、运动、游戏、观赏、教育的室外空间，是政府部门负责建设、运营、管理的设施，同时也具有防止公害、净化大气、地震火灾时的避难场所等都市功能。

○ 同时，都市公园的另一主要功能在于调整都市人群的心境。紧张的现代都市生活、狭小的个人隐私空间，使人们的心理和身体在不知不觉中陷于疲惫。而宽阔的公园空间、清新的空气以及自然的绿化和水面，让人们在这个扩大了的生活领域中，瞬间感受到生命的活力。

○ 都市公园的实用功能，包括过滤并消除噪声；吸收废气、臭气，净化空气；降低夏季温度，减轻都市热岛效应等。

○ 都市公园的布置模式有环状、放射状、网格状等多种形式，需要结合都市具体的自然条件和发展状况，形成可持续发展的网络体系。

○ 都市公园设施的具体设计手法如下：

• 根据都市公园的用地面积大小，调整公园内各种设施的数量。公园面积越大，其单位空间的设施数量越少。

• 都市中心的公园，需要更多地设置长椅、饮水台、照明灯、公厕等，约为一般公园的 2 倍。

• 运动型公园需要增加饮水台、休息设施。

• 公园内的长椅、公厕、饮水台、照明灯、步行道、绿地等，要形成相互支撑的良好网络体系。

• 地区公园内，要确保儿童游戏场所。

公园、绿地的配置模式 [根据加藤晃（1993）]

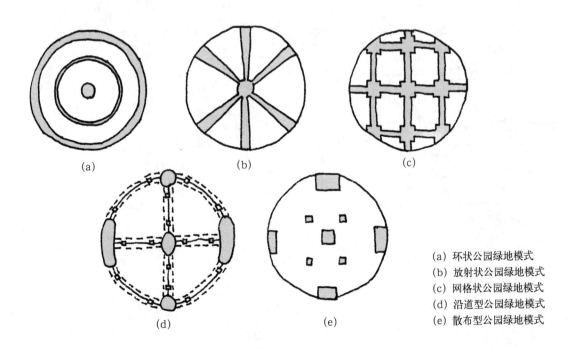

(a)　　　　　　(b)　　　　　　(c)

(d)　　　　　　(e)

(a) 环状公园绿地模式
(b) 放射状公园绿地模式
(c) 网格状公园绿地模式
(d) 沿道型公园绿地模式
(e) 散布型公园绿地模式

都市公园的种类和整备目标

项目		种类	整备目标		
			标准对象人口（人）	标准规模（km²）	服务距离（m）
公园	住区公园	街区公园	2500	0.25	250
		近邻公园	10000	2.0	500
		地区公园	40000	4.0	1000
	都市公园	综合公园	100000	10.0	1小时到达
		运动公园	100000	15.0	1小时到达
特殊公园		风景公园	适宜		适宜地选定
		动植物公园	适宜		人口10万人以上的城市1处以上
		其他特殊公园	适宜		
公害灾害应对绿地		缓冲绿地等	适宜		
大规模公园		广域公园	适宜		
		都市休闲公园	适宜		

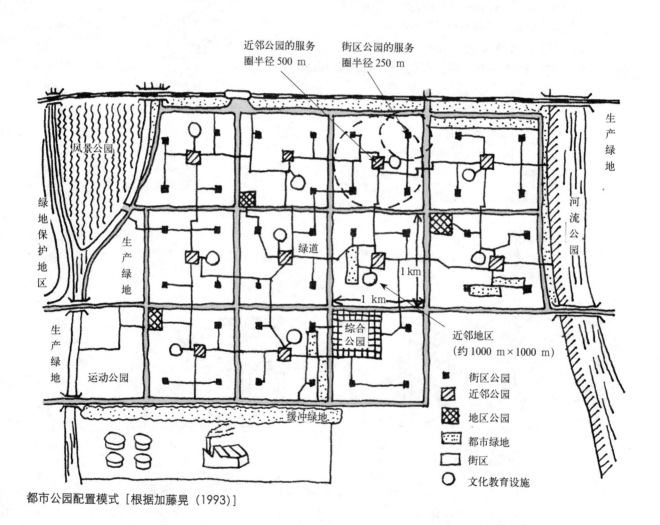

都市公园配置模式［根据加藤晃（1993）］

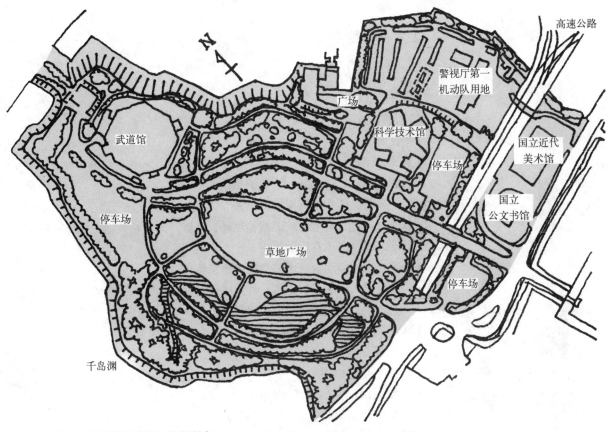

综合公园的案例［根据加藤晃（1993）］

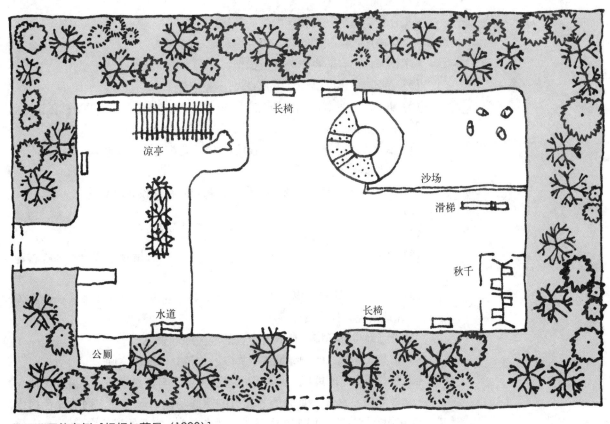

街区公园的案例［根据加藤晃（1993）］

2. 多样的绿色景观

○ 绿地的分类如下：

1）普通绿地

（1）都市公园

• 街区公园：小孩、大人都可利用

• 交通公园：8 ~ 15 岁儿童游戏、获得交通知识和道德体验

• 近邻公园：近邻、日常生活的康乐

• 地区公园：徒步距离圈内的康乐

• 普通公园：日常生活的游戏、运动、观赏、教育及其他的综合利用

• 运动公园：以体育运动为主

• 特殊公园：运动竞技场、动物园、植物园

• 广域公园：超越了市、镇、村的区域，广域性的市民康乐公园

• 国立公园：国家设置的大规模都市公园

（2）墓地：一般墓地公园

（3）公园绿地

• 寺庙及其附属园地

• 法人、团体等经营的园地

• 个人经营的园地

• 拥有开放绿地的公共建筑群：净水场、污水处理厂的庭院等

（4）共同绿地

• 集合住宅园地：居住区内的大片绿地

• 企业园地：俱乐部、公司等的福利活动园地等

• 学校园地：有的也作为开放绿地

（5）游园地：以赢利为目的的公共游乐园地

（6）其他：游泳馆、滑冰场、高尔夫球场、狩猎场等的主要户外休闲设施群

2）生产绿地

（1）农地 ；（2）林地；（3）牧场；（4）渔业地域（水域）

3）其他绿地

（1）都市绿地：作为自然环境保护、都市景观而设置的绿地

（2）应对灾害、公害的绿地

（3）隔离绿地：都市森林、水源涵养林、堤坝防护林等

（4）保护地：防护林、风景区、文化遗产保护法指定区域——名胜古迹、天然纪念物指定区等

（5）风景地：具有地形、植物的特色，特别包括集中的风景区、寺庙等

○ 绿地景观的具体设计手法：

• **结合当地生态环境，形成有个性的地区绿地景观。**

• **种植高大乔木，明确绿地边缘界限，构筑立体绿化空间。**

• **充分利用原有的地域自然骨架和绿色资源，与新建绿地体系融为一体。**

• **发挥寺庙、水井、集会所等固有的空间功能，形成都市内的绿色据点，借助大家约定俗成的认识或文化氛围，创造安心、安全的舒适空间。**

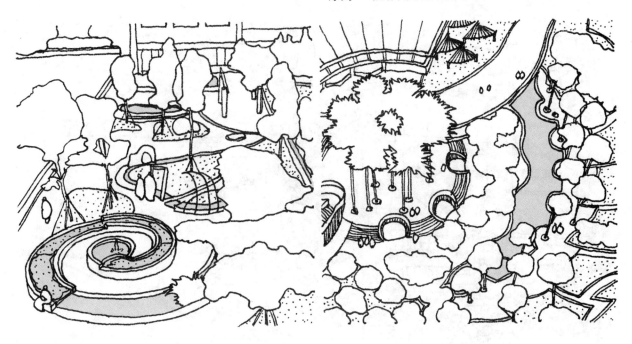

都市内身边的水绿空间，确保都市的人们可以随时得到大自然的滋润

• 绿地空间内限制机动车的通行。

• 分别设置步行和自行车网络系统。

• 在裸露地面稀少的都市空间内，在步行通道旁布置花盆、花台等。

• 在空间节点处，种植高大树木，让人们可以在树下停留、交谈，避免夏日太阳的直接照射。

• 针对不同的都市场所，种植不同的树木、植被品种，设计与之相应的景观特色，形成丰富的有个性的绿地景观。

• 绿化景观设计要与都市基础设施、街道小品、沿街建筑物等都市空间要素综合考虑，构筑有机的都市景观空间。

3. 与建筑物空间的互补

人工构筑物和绿色植被两者之间是相互补充配合、动态协调平衡的关系。

○ 保护用地内的绿化资源，尽可能通过改变规划布局、建筑物形态等方法来减少对树木、水系的破坏。

○ 采用节能减排环保技术，设计与环境共生的建筑物。

○ 仔细调查用地内的树木状况，明确需要保留、移植的树木位置和数量。

○ 在规划设计过程中，积极考虑建筑物空间与绿色空间的互补效应，确定不同场所和时间段的景观主角。

○ 通过改变树木种类、大小、形状等，与周边特有的建筑物形态和空间氛围相配合，形成有个性的绿色景观。

○ 控制沿道绿化的韵律，创造张弛有序的沿道绿色景观。

○ 结合建筑物的围合变化，设置大小不一的绿色景观广场。

○ 设置视觉通廊，使用地内的景观与用地外侧的人们形成互动，活化区域内的景观氛围。

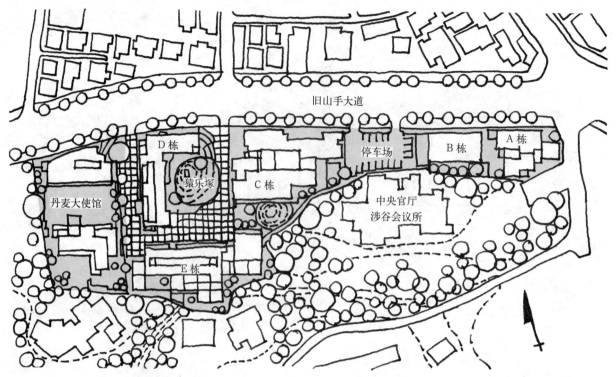

作为街道景观形成的基本要素的建筑物，与绿化植被相互配合，共同构筑和谐宜人的街道景观空间［根据渡边定夫，曾根幸一，岩崎骏介，若林時郎，北原理雄（1983）］

V–6　都市形象的生成

1. 流程

都市空间的具体形象，可以通过对都市整体形象的把握、都市个性场所空间的设计、都市空间连续性的构筑以及与绿色景观的联动等努力，在不知不觉中使该都市的空间形象得以生成。

作为更高层次的都市形象，其形象生成的流程如下：

1）完成都市理念的构筑。

需要结合都市具体的产业、文化、自然地理、气候等多方面因素特点，以及与广域周边环境的联系和功能互补等，综合制定符合本城市发展的目标形象和战略方针。

2）明确都市类别。

以都市理念为基础，按照下一页提到的都市分类，明确本城市在各个层次和类别上的定位，进一步疏理都市的具体功能走向。

3）形成都市的各类运营战略。

在城市运营层面上，要制定明确的都市经营战略和都市文化目标。把都市内的自然资源、人文资源以及周边可借用的各种资源等加以仔细分析和整合，扬长避短，进一步确定本城市的开发战略、都市社交战略、都市空间利用战略等。

4）制定都市的空间形象规划导则。

以都市空间利用战略为基础，从功能分布、交通组织、绿化景观规划、都市文化的造型体现等多方面入手,剖析都市空间的内外联系以及各种强度平衡,确定从整体的土地利用、车流人流动线、绿化网络分布,到具体的建筑单体造型与周边地块的空间限定等全方位的空间形象规划导则。

5）都市形象的生成。

在都市空间形象规划导则的指导下,各类开发以及市政设施整备等具体的空间物理建设工作有秩序分阶段地展开,通过众多的地块和建筑单体的"量"的堆积和汇聚,最终形成统一而又富有变化的都市形象。

2. 都市分类导致不同的形象

○ 都市的主旋律决定了都市的形象。通过明确都市理念和对都市的分类处理,并综合其都市功能、形态及地理位置等多方面因素,进而确定都市的基本构架,明确空间的具体尺度,把握建筑物的材料、色彩、造型以及社区的构成,同时注重都市的象征与文化的体现等,共同生成都市形象。

○具体的都市分类方法:

•按人口划分。分为超大都市（100万以上）、大都市（50万~100万）、中等都市（10万~50万）、小都市（10万以下）四类。在中国,100万人口以上的大都市约有160个。

•按都市功能划分。分为商业、工业、文化教育、宗教、观光、军事、行政、疗养、居住都市等。

•按都市形态划分。分为核心环状放射式、多中心点连接式、带状主轴式、均衡格子式、不规则式、混合式都市等。

•按地理位置划分。分为沿海、内陆、高原、沙漠、寒带、热带都市等。

•按行政职能划分。分为首都、直辖、特区、区域中心、地方中心都市等。

注:具体划分方法和细则因国别而不同。

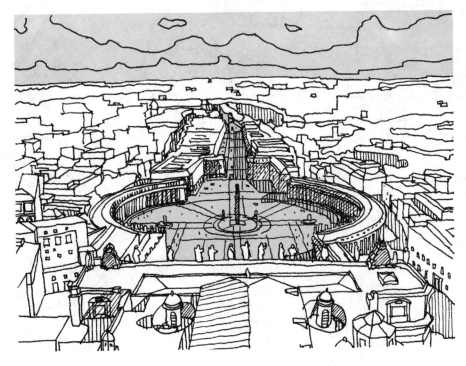

充满历史文化气息的都市形象

VI——都市人文环境的最终形成

VI -1　概要

　　我们研究和探讨都市设计的手法，其目的是为了在保护自然资源和环境的前提条件下，构筑良好的都市人文环境。

　　○ 都市人文环境的构筑，需要尤为重视以下几个方面：

・在具体的空间设计上，结合空间的场所个性，注重人文尺寸的运用。

・**明确人们在空间内的活动范围，形成特征显著的区域性。**

・研究使用人群的日常生活模式，尽可能地创造符合人们生活习惯的空间环境。

　　○ 都市设计的最终目标形象，将体现以下的各种特点：

・具备完善的都市功能。

・人与人可以保持良好的交际。

・**形成都市空间的人文化氛围。**

・**以人为本的思维模式。**

・安全、安心的都市空间。

・便利的交通。

・与自然相融合的都市环境。

・达到心理的平衡和满足。

大都市中的独特休闲风景

VI –2　都市人文环境的构筑

1. 人文尺度的运用

○ **注重建筑空间要素的尺度变化。针对不同的空间场所，设计不同尺度的建筑形态要素，**尤其是人们可以接触、到达的空间，更需要精细的建筑细部处理。

○ 对人们的日常步行空间与机动车空间进行物理空间的分离，减少人与机动车的接触几率，并通过绿化、高低差等方法实现视线遮挡。

○ 在人车共存空间，通过对机动车道线形进行弯曲处理，**减缓车行速度，并通过铺地材料、色彩等的变化，以及设置减速带等处理手法，创造安全的空间环境。**

○ 通过空间设计中人文符号的使用，包括历史文脉符号、区域通用色彩等，创造有都市文化内涵的空间氛围。

○ 增加供人们休息娱乐的公共空间，让人们可以与自然环境、周边人群进行交流，活化都市街道生活。

○ 都市功能需求上，往往需要一些巨大尺度的都市空间，当人们处在这样的空间之中，感受到都市的宏伟气度的同时，也会有种渺小、无所适从、畏缩的感觉。这就要求设计者对该巨大空间中人们可以触摸的部分，进行人文尺度的细小划分，从而让人们从心理产生这样的认识：这个巨大空间是由可触摸到的东西经过大量的积累形成的，无形中得到了掌控巨大空间的心理满足和自信感。

绿化丰富，温馨安逸的社区道路设计

2. 活动范围的区域性

人们的都市活动范围，具有明显的区域性。

○ 在都市中，可以通过最大限度的步行，来检测都市空间的人文尺度。

○ 紧凑都市的人口约在 10 万～ 20 万人，都市的用地面积为 2000 ～ 3000 hm²，人口密度为每公顷 50 ～ 100 人。

○ 都市区域性特征，主要分为成熟都市街区和都市近郊街区两大类。作为都市的空间形象，也要从心理层面上对繁华的、高密度的都市中心地带和安静的、相对功能单一的城乡结合部加以明确地划分。

○ 作为都市人文环境的构筑要素之一，统一、明确的建筑空间氛围是形成区域性都市形象不可缺少的前提条件。具体的设计手法如下：

• 拥有形成空间主旋律的建筑风格，包括建筑材料的统一、色彩的搭配、开孔率的设定、相同建筑要素的重复使用等。

• 标识性建筑物或建筑空间的存在。

• 明确的地区文化特征。

• 相对动态平衡的区域人流构成。

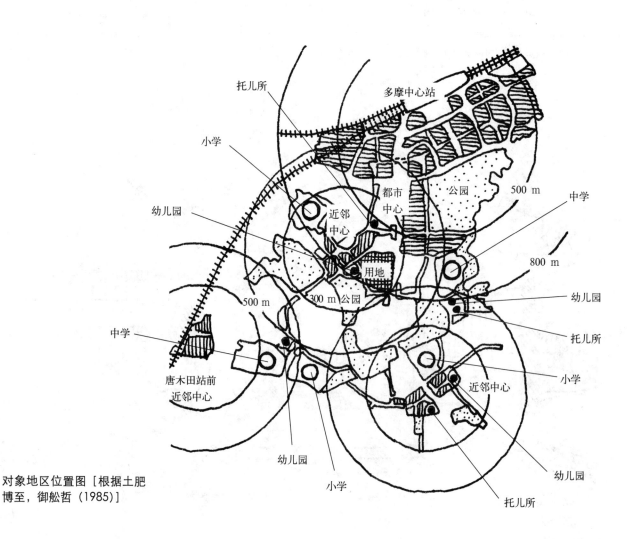

对象地区位置图［根据土肥博至，御舩哲（1985）］

3. 日常生活模式

○ 对都市居住模式以及人们日常生活习惯加以剖析，从中提炼出都市设计的具体模式。具体的设计工作可以从以下几个方面入手：

• 设定都市各类人群的日常生活圈的范围，争取在可以步行到达的距离内，设置可以满足日常生活各种功能的设施机构。包括办公楼、商业街、公共服务设施、医疗机构、教育福利设施、文化娱乐设施等。

• 通过丰富建筑空间类型、改善组团之间的布局格局等方法，强化街区的相互交流，扩大可利用人群的范围，让更多的人可以来到这里居住生活。

• 进行安全舒适的交通空间设计。让从儿童到高龄者的所有都市人群都可以安心地在街区内活动，确保夜间的交通安全，形成以人为本、重视步行的无障碍交通空间。

• 结合该街区的居民实际状况，对居民构成、未来人口流动、建筑空间的喜好等加以翔实的调查和剖析，制定合理的分阶段社区发展规划。

• 设置居民自治体制，明确每一个居民在社区的职责和权益，定期进行例会以及其他形式的聚会活动，及时解决发现的矛盾和问题，构筑可以持续稳定发展的社区体制。

基础生活圈与二次生活圈概念形象［根据松永安光（2005）］

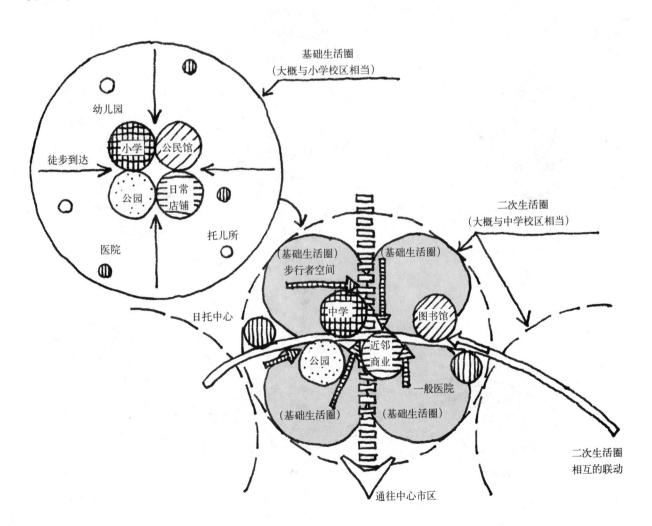

VI –3 都市设计的最终目标形象

1. 都市的完善功能

○ 在各个社区内及周边地带，布置有商业街、医疗教育设施、行政办公机构等满足居民日常生活的必要都市功能设施。

○ **都市功能设施呈系统网络式布局。**

○ **充分认识到社区内人际交往的深层次价值，并加以精心培育，让人们可以舒适地与社区其他居民进行交流，提高居民的归属感和对社区的喜爱。**

○ 设置可供儿童安心游乐及学习的场所。

○ 丰富绿化植被的种类，形成有个性的都市绿色景观。

○ 形成以住宅为中心的舒适步行道路体系。

○ **设置专卖店、精品店、画廊、音乐厅、竞技场等非日常都市功能设施，满足都市人们的高层次心理需求。**

○ 建立合理的交通连接体系，确保快速准时的移动及运输。

○ 重视公共交通，尽量减少私家车的使用。

○ 与环境相共生，让都市空间成为广域大环境中的一部分。

○ 明确都市各区域的范围和界限标识。

○ 都市功能的区域性分布，可以基本满足生活各阶段的变化。

都市生活设施网络［根据松永安光（2005）］

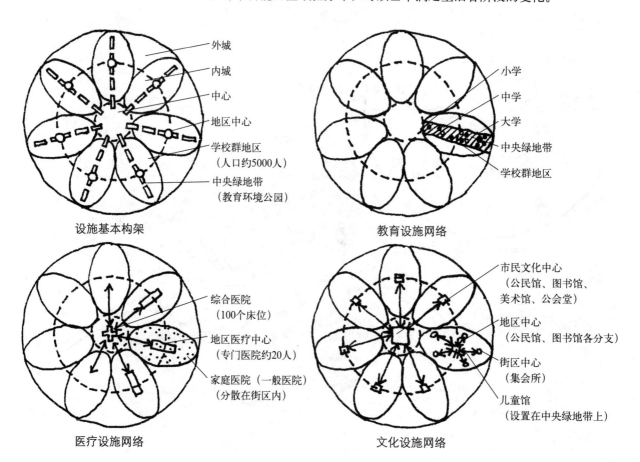

设施基本构架

外城
内城
中心
地区中心
学校群地区
（人口约5000人）
中央绿地带
（教育环境公园）

教育设施网络

小学
中学
大学
中央绿地带
学校群地区

医疗设施网络

综合医院
（100个床位）
地区医疗中心
（专门医院约20人）
家庭医院（一般医院）
（分散在街区内）

文化设施网络

市民文化中心
（公民馆、图书馆、美术馆、公会堂）
地区中心
（公民馆、图书馆各分支）
街区中心
（集会所）
儿童馆
（设置在中央绿地带上）

2. 人与人良好的交际

○ 注重传统人脉联络与无束缚的都市生活之间的动态平衡。

○ 提高社区内的相互认知程度，明确区分社区居民和外来人员，降低社区内的犯罪率。

○ 设置公园或儿童游乐场所，给大家提供交流交往的场所空间。

○ 结合社区实际，在大家共同利用的场所，如中庭、室外健身器械设置点、社区内循环巴士站等处，布置长椅、花坛等，供大家停留交谈。

○ 在都市里，很难确保每一户家庭都有私人花园，通过对集合住宅内的共有花园或中庭空间的共同使用、共同清扫管理等，促进组团内的人际交流。

○ 改进都市内店铺的对外开放程度，让人们可以轻松地进入，与店内人员进行各种都市信息交流。

○ 根据不同的兴趣爱好，如养宠物、服装剪裁、下象棋等，将都市内的人群通过各种任意团体或活动的形式连接起来，丰富都市文化生活，形成都市市民良好的交际氛围。

○ 在人流集散处，设置信息交流看板，为市民提供周边地区各种设施及活动的信息。

○ 按照都市街区规模，设置都市街区建设的市民自发团体，对社区内的人际交往、规章制度等加以统一规划。

亲水广场
人文尺度设计为人与人的交际创造了良好的环境氛围

街角咖啡店

3. 都市空间的人文化

○ 对建筑空间的尺寸及比例进行精心设计处理，创造舒适的都市人文空间。尤其是人们在空间移动过程中，最为频繁接触的是建筑底层空间，更需要对其建筑材料、铺地图案、建筑雕塑小品的配置等加以慎重考虑，避免出现冰冷粗糙的空间氛围。

○ 与建筑形态相结合，配置多种多样的绿色植被，将绿化空间多样化，与功能空间及场所融为一体，构筑有个性魅力的绿化景观。

○ 通过设置街角广场、儿童游乐场所、可以自由进出的店铺、作为象征空间的中央广场、亲切宜人的入口空间等，充实都市的公共开放空间，让人们可以舒适地近距离使用，并增进市民之间相互交流熟识的机会。

○ 通过独特的雕塑小品、尺度巨大或造型奇异的建筑单体、宽敞的公共广场空间、茂密的绿化植被、历史悠久的寺庙等表现手段，形成该地区明确的区域性标识，明确市民的区域归属，提高人们对都市街区的认知和自豪感。

○ 通过使用相同的建筑材料、色彩搭配、建筑细部，统一建筑空间的文化氛围。

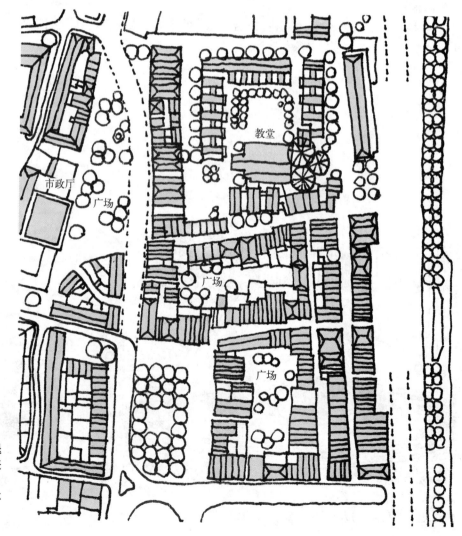

不同建筑单体之间的相互退让和补充，丰富了都市的表情和性格 [根据渡边定夫，曾根幸一，岩崎骏介，若林時郎，北原理雄（1983）]

4. 以人为本的思维模式

○ 都市居民的想法决定社区的模式。

○ 人们对都市街道空间的魅力和内在价值有着共同的文化认识及理解。

○ 重视历史文脉的积累。包括人们对道路和中庭空间的利用模式、对某些特定场所（如一棵古树或水井）的喜爱、老年人经常聚会下棋的露天场所、固定的有人气的散步路线等，往往已经成为人们生活中不可缺少的一部分。

○ 重视人们面对面的交流。在现代社会，人们已经习惯并依赖着便利的联络通信手段，通过电话、电子邮件、短信等进行交流，忽略并减少了面对面交流的机会，在很大程度上影响了人际交往的亲切度。

○ 尊重街道景观的个性和区域性。

○ 重新认识由小型店铺构成的商业街的内在价值和潜力。小型店铺构成的商业街，有着长时间的历史沉淀和变化过程，是都市历史文化的一部分，有着现代大型超市或购物中心不曾有的实践积累，新老店铺的神奇组合和出人意料的空间连接将会一直吸引着人们去探访。

○ 人文空间尺度设计。

○ 重视步行空间。包括确保十字路口的步行信号时间、取消机动车小转弯、增加与机动车道路的缓冲空间、增设步行道旁的市民交流小广场或休息场所等。

翻新的老街道

步行天国式现代商业街

以小型店铺构成的街道，处处跳动着蓬勃的生机和人们对生活的热爱

5. 安全、安心的环境

○ 安全的步行空间。确保步行者专用道路、步行道路的无障碍化，从儿童到老人都可以安心地利用。

○ 舒适的环境设计。通过规划布置街角广场、对外开放的咖啡厅或茶室等方法，充实都市公共空间，作为一时的休息或约会场所，让人们可以轻松自由地利用。

○ 方便人们的交流休息。设置长椅、花坛、都市街道小品等，整备都市街道的休息空间，让人们在感到疲倦的时候可以随时休息，让人们的出行更便利。

○ 降低犯罪发生的概率。通过住宅的长边与道路平行布置、夜间明亮的照明、消除视线死角、强化社区内的人际交往等方法，预防和减少犯罪发生的可能性。

○ 丰富都市街道空间表情。充分发挥都市空间的场所个性和自然资源，通过多种多样的绿色植被、喷泉流水、宽敞明亮的展示橱柜、禁止车辆进入的步行商业街、定期举办的显示季节变化及文化特色的地域活动、精心设计的连续街道景观等一系列手法，丰富街道表情，构筑有个性魅力的都市空间氛围。

都市小广场空间

水边散步道空间

6. 便利的交通

○ 重视公共交通。

·充实公共交通系统，保证以徒步或自行车为主要交通手段的日常生活得以持续发展；

·通过便利的公共交通的使用，让人们更好地感受到都市生活的舒适和便捷；

·减少私家车的数量和废气排放，有助于建设环保的低碳化社会。

○ 建立完整的交通体系。

·结合具体的场所特点，明确地域的主要交通手段；

·让巴士、出租车、电车、地铁、轻轨等多种交通手段共存；

·充分发挥各种交通手段特点，相互连接补充，共同形成便利的交通网络；

·在较为偏僻的地域，通过设置社区循环巴士、定点地区班车、随叫随停巴士等措施，消除都市交通的空白地带；

·确保人们可以快速、准时地交通移动；

·充分发挥交通枢纽的立体交通组织能力，保证迅速、快捷的换乘活动完成。

○ 形成安全的交通环境。

·具体体现在无障碍交通、声音提醒和导游、充实的交通标识系统、单行道设置、步行者利益优先等方面。

地面轨道电车系统

巴士专用道路

7. 与环境相融合的都市

○ **与自然环境相共生。**

• 都市建设始终以尊重自然为前提条件。

从建筑工程的选址、规划，到具体的单体设计、管网配置，以及最后的施工手段、维修管理等，都需要对建设用地的水文地质、气候特点、绿色植被等多方面的自然状况进行周密的调查和分析，寻找出与自然条件相符的解决手段。

• 创造多种多样的水绿景观。

原生态的森林公园、舒适的林荫大道、磅礴的瀑布、幽静的小径、开阔的湖水、宜人的绿色围墙等多姿多彩的绿色景观，丰富了都市空间的表情，缓解了人们的心理疲倦。

○ **承接地域文脉，培育都市的个性魅力空间。**

• 都市的魅力，蕴藏在我们早已见惯的清澈的小溪、有些破旧的老房子、喧闹的早市等情景之中，需要我们去做的是用心地发现它，并作为都市特性加以培育及表现。

○ **全方位的统一。**

• 都市的氛围，是由都市的人员构成比例、空间移动的频率及速度、建筑所采用的风格、气候地理特点、当地物产、都市色调等多方面因素共同作用而成，只有很好地协调理顺这些要素，才能真正达到与环境相融合。

建筑物、海水、绿化的完美融合，创建了经典的环境都市象征空间

8. 心理的平衡和满足

都市建设的最终目的，是为了满足人们可以更好地生活的愿望。与之相应的都市设计的最终目标，也是为了让都市人们达到身心上的需求平衡和满足。具体体现在以下的自我感受和与之相应的空间模式上：

○ 安全的感受。

让人们可以避免来自自然和人类社会的灾害，可以安全、安心地生活工作。具体包括能观察远处的隐蔽场所、自己的独立空间、狭小空间、水池、确切的空间位置、家里、温暖、人车分离、熟识的人群、粗大的柱子等感受和空间模式。

○ 舒适的氛围。

主要是指生活的便利和感官的喜悦等。具体包括雨水、微风、沙滩、围合的场所、自己的时间、太阳光、暖炉、室外台阶、鲜花、海潮的气息、眺望、木屋、海边植物、音乐、准时的电车、可口的食物、时尚店内的购物、亲切的问候等感受和空间模式。

○ 自我境界的提升。

人们通过各种交流，可以不断地接触到新事物，学习到新知识。感受到事物表象后的内涵，自尊心得到满足，精神境界得以提升。具体包括月光、古董、巨树、拂晓日出、山顶、人类的活动、宽阔的湖面、水声、秩序、跳动的火焰、大量重复的建筑要素、登山、绘画等景象和空间模式。

身边小公园

社区交流空间

参考文献

[1] C·亚历山大,S·伊希卡娃,M·西尔佛斯坦,M·雅各布逊,Z·菲克斯达尔-金,S·安吉尔著.建筑模式语言(上)[M].王昕度,周序鸿译.北京:知识产权出版社,2001.

[2] C·亚历山大,S·伊希卡娃,M·西尔佛斯坦,M·雅各布逊,Z·菲克斯达尔-金,S·安吉尔著.建筑模式语言(下)[M].王昕度,周序鸿译.北京:知识产权出版社,2001.

[3] C·亚历山大著.建筑的永恒之道[M].赵冰译.北京:知识产权出版社,2002.

[4] G·Z·布朗,马克·德凯著.太阳辐射·风·自然光-建筑设计策略(第2版)[M].常志刚,刘毅军,朱宏涛译.北京:中国建筑工业出版社,2008.

[5] W·博奥席耶,O·斯通诺霍编著.勒·科布西耶全集第1卷·1910～1929年[M].牛燕芳,程超译.北京:中国建筑工业出版社,2005.

[6] W·博奥席耶编著.勒·科布西耶全集第2卷·1929～1934年[M].牛燕芳,程超译.北京:中国建筑工业出版社,2005.

[7] 埃德蒙·N·培根著.城市设计(修订版)[M].黄富厢,朱琪译.北京:中国建筑工业出版社,2003.

[8] 高桥仪平著.无障碍建筑设计手册-为老年和残疾人设计建筑[M].陶新中,牛清山译.北京:中国建筑工业出版社,2003.

[9] 胡纹主编.居住区规划原理与设计方法[M].北京:中国建筑工业出版社,2007.

[10] 霍晓卫主编.居住区与住宅规划设计实用全书一卷[M].北京:中国人事出版社,1999.

[11] 霍晓卫主编.居住区与住宅规划设计实用全书二卷[M].北京:中国人事出版社,1999.

[12] 霍晓卫主编.居住区与住宅规划设计实用全书三卷[M].北京:中国人事出版社,1999.

[13] 霍晓卫主编.居住区与住宅规划设计实用全书四卷[M].北京:中国人事出版社,1999.

[14] 简·雅各布斯著.美国大城市的死与生(纪念版)[M].金衡山译.南京:译林出版社,2006.

[15] 凯文·林奇,加里·海克著.总体设计[M].黄富厢,朱琪,吴小亚译.北京:中国建筑工业出版社,1999.

[16] 勒·柯布西耶著.明日之城市(第一版)[M].李浩译.北京:中国建筑工业出版社,2009.

[17] 罗伯特·文丘里著.建筑的复杂性与矛盾性[M].周卜颐译.北京:知识产权出版社,中国水利水电出版社,2006.

[18] 唐纳德·沃特森,艾伦·布拉特斯,罗伯特·G·谢卜利编著.城市设计手册[M].刘海龙,郭凌云,俞孔坚等译.北京:中国建筑工业出版社,2006.

[19] 谭纵波.城市规划(清华大学建筑学与城市规划系列教材)[M].北京:清华大学出版社,2005.

[20] 王江平. 老年人居住外环境规划与设计 [M]. 北京：中国电力出版社，2009.

[21] 王笑梦. 住区规划模式 [M]. 北京：清华大学出版社，2009.

[22] 约翰·O·西蒙兹. 景观设计学——场地规划与设计手册（第三版）[M]. 北京：中国建筑工业出版社，2000.

[23] 佐藤健正著. 英国住宅建设——历程与模式 [M]. 王笑梦译. 北京：中国建筑工业出版社，2011.

[24] 赵振斌，包浩生. 国外城市自然保护与生态重建及其对我国的启示 [J]. 自然资源学报，2001，16（4）：390-396.

[25] 住宅都市整治公团关西分社集合住宅区研究会编著. 最新住区设计 [M]. 张桂林，张军英译. 北京：中国建筑工业出版社，2005.

[26] GLC（大ロンドン庁）編. 延藤安弘監訳. 低層集合住宅レイアウト [M]. 東京：鹿島出版会，1978.

[27] アーバンデザイン研究体編著. アーバンデザイン軌跡と実践手法 [M]. 東京：彰国社，1985.

[28] 池澤寛. 街づくりデザインノート－活性化のための考現学12章[M]. 東京：商店建築社，1987.

[29] 内山正雄，平野侃三，平井昌信，蓑茂寿太郎，金子忠一. 都市緑地の計画と設計. 東京：彰国社，1987.

[30] 海道清信.コンパクトシティ－持続可能な社会の都市像を求めて[M].東京：学芸出版社，2001.

[31] エベネザー・ハワード. 長素連訳. 明日の田園都市[M]. 東京：鹿島出版会，1968.

[32] 王笑夢. 漢民族民居の空間生成規則に関する[D]. 研究東京大学博士論文，2004.

[33] 太田幸夫,坂野長美編著.サイン・コミュニケーション2－CI／環境[M].東京：柏美術出版，1993.

[34] 萩島　哲編. 都市計画 [M]. 東京：朝倉書店，1999.

[35] 加藤　晃. 都市計画概論（第3版）[M]. 東京：共立出版，1993.

[36] 環境共生住宅推進協議会編. 環境共生住宅A-Z－新世紀の住まいづくりガイド [M]. 東京：ビオシティ，1998.

[37] 神田　駿. 「集合住宅」の再発見 [M]. 東京：相模書店，1990.

[38] 国土交通省住宅局住宅生産課，国土交通省国土技術政策総合研究所，独立行政法人建築研究所監修. 住宅性能表示制度－日本住宅性能表示基準・評価方法基準技術解説 2005 [S]. 東京：工学図書株式会社，2005.

[39] 黒川紀章. メタボリズムの発想 [M]. 東京：白馬出版，1972.

[40] 小林重順. 建築心理入門 [M]. 東京：彰国社，1961.

[41] 齋藤広子，中城康彦. コモンでつくる住まい・まち・人－住環境デザインとマネジメントの鍵 [M]. 東京：彰国社，2004.

[42] 新都市ハウジング協会，都市居住環境研究会. きたくなるまちづくり－街の魅力の再発見 [M]. 東京：鹿島出版会，2006.

[43] 渋谷区都市整備部地域まちづくり課. 渋谷駅中心地区まちづくりガイドライン 2007 [S]. 東京：渋谷区都市整備部地域まちづくり課，2007.

[44] 住環境の計画編集委員会編. 住環境の計画3－集住体を設計する東京：彰国社，1987.

[45] 住環境の計画編集委員会編. 住環境の計画5－住環境を整備する. 東京：彰国社，1991.

[46] 武居高四郎. 新都市 計畫（改訂）[M]. 東京：秋田屋，1947.

[47] 地域科学研究会編．世界のウォーターフロント（Part 1）－アメリカヨーロッパの海と港［M］．東京：リバーフロント整備せんたー，1988．

[48] 天野光三，青山吉隆編．図説都市計画－手法と基礎知識［M］．東京：丸善株式会社，1992．

[49] 東京大学生産技術研究所原研究室．住居集合論II（復刻版）［M］．東京：鹿島出版会，2006．

[50] 都市計画教育研究会編．都市計画教科書（第2版）［M］．東京：彰国社，1995．

[51] 土地総合研究所環境都市研究会編．環境都市のデザイン－環境負荷の小さな都市を実現するための100の施策．東京：ぎょうせい，1994．

[52] 土肥博至，御舩　哲．新建築学大系20－住宅地計画［M］．東京：彰国社，1985．

[53] 都田　徹,中瀬　勲.アメリカンランドスケープの思想[M].東京:鹿島出版会，1991．

[54] 鳴海邦碩編．都市環境デザイン会議関西ブロック著．都市環境デザイン－13人が語る理論と実践［M］．東京：学芸出版社，1995．

[55] 日本国土交通省．高齢者・身体障害者等の利用を配慮した建築設計標準［S］．東京：日本国土交通省，2003．

[56] 大森晃彦編.日本設計－100 Solutions／都市を再生する建築[J].新建築(臨時増刊)，78（12）．東京：新建築社，2003，11．

[57] ハーヴェイ,M・ルビンシュケイン著．菅　きよし訳．環境計画と設計[M]．東京：誠文堂新光社，1974．

[58] 浜口隆一,村松貞次郎．現代建築をつくる人々－設計組織ルポ［M］．東京：KK世界書院，1963．

[59] ビーター・カルソープ著．倉田直道，倉田洋子訳．次世代のアメリカの都市づくり－ニューアーバニズムの手法［M］．東京：学芸出版社，2004．

[60] 平本一雄編著．東大都市工都市再生研究会，東京工科都市メディア研究会著．東京プロジェクト－"風景を"変えた都市再生12大事業の全貌［M］．東京：日経BP社，2005．

[61] ベイエリア研究会．ウォーターフロントの計画とデザイン－日本型開発手法のすべて［J］．別冊新建築．東京：新建築社，1991，10．

[62] ベターリビング編．これからの中高層ハウジング[M]．東京:丸善株式会社，1992．

[63] ヘルマン・ヘルツベルハー著．森島清太訳．都市と建築のパブリックスペース（ヘルツベルハーの建築講義録）［M］．東京：鹿島出版会，1995．

[64] ポール・D・スプライレゲン著．波多江健郎訳．アーバンデザイン－町と都市の構成［M］．東京：青銅社，1966．

[65] 松永安光．まちづくりの新潮流－コンパクトシティ/ニューアーバニズム/アーバンビレッジ．東京：彰国社，2005．

[66] まちをつくる集合住宅研究会編著．都市集合住宅のデザイン［M］．東京：彰国社，1993．

[67] 村上末吉編.ショッピング施設の環境デザイン[J].別冊商店建築,112.東京：商店建築社，2002年2月．

[68] 森戸野木，森戸アソシェイツ編．都市環境のデザイン2［M］．東京：プロセスアーキテクチュア，1995．

[69] ランドルフ・T・ヘスター，土肥真人．まちづくりの方法と技術－コミュニティー・デザイン・プライマー［M］．東京：現代企画室，1997．

[70] 渡辺定夫，曽根幸一，岩崎駿介，若林時郎，北原理雄．新建築学大系 17－都市設計［M］．東京：彰国社，1983.

[71] DIXON J M (ed.). Urban Space No. 4：The Design of Public Places ［M］．New York：Visual Reference Publications，2005.

[72] DIXON J M (ed.). Urban Space No. 5：Featuring Green Design Strategies ［M］．New York：Visual Reference Publications，2007.

[73] JACOBS A B．Great Streets ［M］．Cambridge，MA：MIT Press，1993.

[74] ROBERT T．Covent Garden Market：Its History and Restoration ［M］．London：The Architectural Press，1980.

[75] RONNER H，JHAVERI S．Louis I. Kahn：Complete Work 1935-1974 (second revised and enlarged edition)．Basel: Boston : Birkhauser，1977.

[76] SCHLEIFER S (ed.). WINTLE J，WESTERHOFF M，ENGLER S (Translation) ［M］．The Newest Gardens Design I．Köln：Taschen GmbH，2006.